Autokennzeichen Deutschland – Europa

ADAC
Ratgeber

Autokennzeichen Deutschland – Europa

Alles auf einen Blick

Der vorliegende Ratgeber ist sorgfältig erarbeitet worden. Dennoch erfolgen alle Angaben ohne Gewähr. Weder Autorinnen noch Verlag übernehmen für eventuelle Nachteile oder Schäden, die aus den im Buch gegebenen Hinweisen resultieren, eine Haftung.

Autorinnen: Alexandra und Claudia Steiner, Medienagentur Gerald Drews
Redaktion: Cornelia Schubert (Leitung), Jens van Rooij
Umschlaggestaltung: ZERO Werbeagentur, München
Umschlagmotiv: FinePic
Abbildungen (Nummernschilder): Heinrich Hugendubel Verlag
Karten: Carto Travel Verlag GmbH & Co. KG, Kartographischer Verlag, Bad Soden/Ts., Gotha, Schönefeld bei Berlin.
Satz: Atelier Georg Lehmacher, Friedberg (Bay.)
Druck und Bindung: Alcione, Lavis
Printed in Italy
ISBN 978-3-89905-572-6

Inhalt

Einleitung 7

Autokennzeichen in Deutschland 8

Autokennzeichen in Österreich 59

Autokennzeichen in der Schweiz 65

Autokennzeichen in anderen europäischen Ländern . . 70

Albanien • Andorra • Belgien • Bosnien und Herzegowina • Bulgarien • Dänemark • Estland • Europäische Union • Finnland • Frankreich • Griechenland Großbritannien • Irland • Island • Italien • Kroatien Lettland • Liechtenstein • Litauen • Luxemburg Malta • Mazedonien • Moldau (Moldawien) • Monaco • Montenegro • Niederlande • Norwegen • Polen Portugal • Rumänien • Russische Föderation • San Marino • Schweden • Serbien • Slowakei • Slowenien • Spanien • Tschechische Republik • Türkei Ukraine • Ungarn • Vatikanstadt • Weißrussland Zypern

ADAC Auslands-Notrufstationen 119

1 1031
58-H
NL
EU
A
M TK 9107
D
6626-G
E
BK 586
I
EZ 1
NORD-IRLAND
Belfast
IRLAND
Dublin
(Baile Átha Cliath)
Edinburgh
GROSS-
(VEREINIGTES
Liverpool
Manchester
Sheffield
BRITANNIEN
BIRMINGHAM
KÖNIGREICH)
ENGLAND
Themse
Bristol
LONDON
Amsterdam
Den Haag
Rotterdam
BELGIEN
BRÜSSEL
(BRUXELLES)
LUXEM-BURG
Luxem-burg
(Luxembourg)
Dortmund
Düsseldorf
Köln
Bonn
Frankfurt
DEUTSCHLA
Weser
Mosel
Helgol
Nantes
Orléans
Loire
Seine
Straßburg
(Strasbourg)
Rhein
FRANKREICH
Dijon
Bern
SCHWEIZ
LIECHTEN-STEIN
Genf
Gijon
Bilbao
(Bilbo)
Ebro
Toulouse
Andorra la Vella
ANDORRA
Saragossa
(Zaragoza)
Nizza
(Nice)
MONACO
Monaco
Marseille
Florenz
(Firenze)
Elba
Korsika
MADRID
Tajo
SPANIEN

Einleitung

„Guck mal, wo kommt der denn her?“ Während langer Fahrten ist es nicht nur für Kinder spannend, die Herkunft anderer Autos anhand ihrer Nummernschilder zu erraten. Dieser praktische ADAC Ratgeber hilft Ihnen dabei: In alphabetischer Reihenfolge finden Sie alle deutschen Kennzeichen und ihre Zulassungsbezirke. Zudem erfahren Sie alles über den Aufbau und die Bedeutung von Sonderkennzeichen. Damit Sie sich bei einem Zwischenstopp auf fremdem Terrain besser zurechtfinden, werden zu den 50 größten deutschen Städten jeweils beliebte Sehenswürdigkeiten aufgeführt.

Doch damit nicht genug: Mit diesem Ratgeber lässt sich die genaue Herkunft von Fahrzeugen aus über 40 europäischen Staaten bestimmen. Ausführlich werden dabei die Autokennzeichen unserer deutschsprachigen Nachbarn Österreich und Schweiz behandelt – auch hier sind zu allen großen Städten wichtige Sehenswürdigkeiten aufgelistet.

Zur leichteren Orientierung gibt es am Ende des Buches einen Kartenteil, in dem Sie alle Kreisstädte bzw. kreisfreien Städte der deutschen Zulassungsbezirke dargestellt finden.

Der ADAC wünscht Ihnen eine gute Reise!

Autokennzeichen in Deutschland (D)

Deutsche Autokennzeichen beginnen mit einem sogenannten Unterscheidungszeichen, das sich aus ein bis drei Buchstaben zusammensetzt und in abgekürzter Form den Ort bzw. Landkreis angibt, in dem der Wagen gemeldet ist. Die Anzahl der Buchstaben richtete sich ursprünglich nach der Einwohnerzahl der jeweiligen Stadt. Die größten Städte erhielten dabei nur einen Buchstaben. Deshalb lautet das Kennzeichen für die Stadt München **M**, da sie die größte Stadt in Deutschland ist, deren Name mit diesem Buchstaben beginnt.

Nach dem Unterscheidungszeichen – bei älteren Kennzeichen durch einen Strich abgetrennt – folgt eine Erkennungsnummer, die aus weiteren ein bis zwei Buchstaben und bis zu vier Ziffern besteht. Früher wurden die Erkennungsnummern fortlaufend vergeben. Der heutige Einsatz von Computern ermöglicht es den Zulassungsbehörden jedoch, auch Wunschkennzeichen in beliebiger Folge zuzuteilen.

Aktuelle EU-Kennzeichen haben am linken Schildrand ein blaues Band mit dem Sternenkreis der Europäischen Union, darunter befindet sich der Buchstabe **D** als Länderkennzeichen.

Sonderkennzeichen:
Kennzeichen mit grüner Schrift werden für steuerbefreite Fahrzeuge, z. B. Traktoren oder Fahrzeuge gemeinnütziger Organisationen, vergeben. Nummernschilder mit roter Schrift bestehen aus dem Zulassungskürzel und einer unmittelbar folgenden Ziffernkombination, die mit **06** beginnt. Sie können nur noch von Kfz-Betrieben oder Autohändlern für Probe- und Überführungsfahrten beantragt werden.

Privatpersonen können sogenannte Kurzzeit-Zulassungen zur Überführung von Fahrzeugen nutzen. Sie gelten maximal fünf Tage, der Ablaufzeitpunkt ist in einem gelben Feld am rechten Rand des Nummernschildes vermerkt. Das Kennzeichen enthält das Unterscheidungszeichen des Zulassungsbezirks, gefolgt von einer Erkennungsnummer, die mit **03** oder **04** beginnt.

Ausfuhrkennzeichen haben einen roten Farbstreifen am rechten Schildrand. Man sieht sie an Fahrzeugen, die vom Fahrzeughalter ins Ausland exportiert werden. Die Zahlen im roten Farbfeld geben an, wie lange für den Wagen in Deutschland ein Versicherungsschutz besteht – er also im Inland gefahren werden darf.

Saison-Kennzeichen finden sich an Fahrzeugen, die nur zu einer bestimmten Jahreszeit genutzt werden, etwa Wohnmobile. Zwei durch einen waagrechten Strich getrennte Monatszahlen geben die Zeitspanne an, in der das Fahrzeug gefahren werden darf.

Oldtimer-Kennzeichen schließen rechts nach dem Ziffernblock mit einem **H** ab. Das Mindestalter des Fahrzeugs beträgt 30 Jahre. Für historische Automobile können auch rote Wechselkennzeichen beantragt werden, bei denen auf das normale Ortskürzel eine mit **07** beginnende Ziffernkombination folgt. Diese Kennzeichen gelten nur für Probe- und Überführungsfahrten bzw. für die Teilnahme an Oldtimerveranstaltungen.

Noch bis vor kurzem wurden für Behördenfahrzeuge der Kreis- und Stadtverwaltungen bzw. der Polizei und Feuerwehr spezielle Kennzeichen vergeben: Nach Angabe des Zulassungsbezirks folgte unmittelbar eine Zahlenkombination (z.B. M-31882). Seit März 2007 werden die neu in den Verkehr gebrachten Dienst- und Einsatzfahrzeuge der Behörden mit ganz normalen, regionalen Kennzeichen versehen.

Auf den Nummernschildern der Fahrzeuge von Landes- bzw. Bundesbehörden findet sich meist keine Buchstabenkombination, die auf einen bestimmten Meldeort schließen lässt. Spezielle Codes verraten hier die Funktion und Herkunft der Fahrzeuge.

AD, AF, HK: Privatfahrzeuge der US-Streitkräfte

Dienstfahrzeuge Bund:

BD: Bundestag, Bundesrat, Bundespräsidialamt

BG (alt)**, BP:** Bundesgrenzschutz, Bundespolizei

BW: Wasser- und Schifffahrtsverwaltung des Bundes

THW: Technisches Hilfswerk

0: Diplomatisches Korps
0-1: Bundespräsident
0-2: Bundeskanzler
0-3: Außenminister
1-1: Bundestagspräsident
X: Bundeswehrfahrzeuge der NATO-Hauptquartiere
Y: Bundeswehr

Dienstfahrzeuge Länder:

B: Senat/Abgeordnetenhaus Berlin
BBL: Landesregierung/Landtag Brandenburg
BWL: Landesregierung/Landtag Baden-Württemberg
BYL: Landesregierung/Landtag Bayern
HB: Senat/Bürgerschaft Hansestadt Bremen
HEL: Landesregierung/Landtag Hessen
HH: Senat/Bürgerschaft Hansestadt Hamburg
LSA: Landesregierung/Landtag Sachsen-Anhalt
LSN: Landesregierung/Landtag Sachsen
MVL: Landesregierung/Landtag Mecklenburg-Vorpommern
NL: Landesregierung/Landtag Niedersachsen
NRW: Landesregierung/Landtag Nordrhein-Westfalen
RPL: Landesregierung/Landtag Rheinland-Pfalz
SAL: Landesregierung/Landtag Saarland
SH: Landesregierung/Landtag Schleswig-Holstein
THL: Landesregierung/Landtag Thüringen

Alphabetische Auflistung deutscher Kennzeichen

In der nachfolgenden Liste finden sich die in Deutschland vergebenen Autokennzeichen. Die in Gelb gedruckten Buchstabenkürzel entsprechen den Bezeichnungen der Zulassungsbezirke auf dem Nummernschild; diese Bezirke stehen in der Regel für kreisfreie Städte oder Landkreise mit Kreisstädten als Sitz der Kreisverwaltungen.

Alle Städte sind im Kartenteil des Buches (ab Seite 120) verzeichnet – Sie finden Sie mithilfe der Planquadrate am rechten Spaltenrand.

Die angegebene Zahl der Zulassungen umfasst alle gewerblich und privat genutzten Pkws, die in einem Zulassungsbezirk gemeldet sind. Nicht eingerechnet sind Lastkraftwagen, Zugmaschinen und Kraftfahrzeuganhänger.

A Augsburg **D8**
Landkreis/Kreisfreie Stadt: Augsburg
Bundesland: Bayern
Zugelassene Pkw in 1000: 277,5
Sehenswürdigkeiten: Augsburger Rathaus, Brechthaus, Fuggerei, Dom Unsere Liebe Frau, Basilika St. Ulrich und Afra, Bayerisches Textil- und Industriemuseum, Jüdisches Kulturmuseum, Römisches Museum, Maximilianmuseum, Wittelsbacher Park/ Stadtgarten, Zoo
www.augsburg.de

AA Ostalbkreis **C8**
Landkreis; Kreisstadt: Aalen
Bundesland: Baden-Württemberg
Zugelassene Pkw in 1000: 189,2

AB Aschaffenburg **C6**
Landkreis/Kreisfreie Stadt: Aschaffenburg
Bundesland: Bayern
Zugelassene Pkw in 1000: 150,0

ABG Altenburger-Land **E5**
Landkreis; Kreisstadt: Altenburg
Bundesland: Thüringen
Zugelassene Pkw in 1000: 59,4

AC Aachen **A5**
Landkreis/Kreisfreie Stadt: Aachen
Bundesland: Nordrhein-Westfalen
Zugelassene Pkw in 1000: 281,8

Sehenswürdigkeiten: Aachener Dom, historisches Rathaus, Burg Frankenberg, Grashaus, Haus Löwenstein, Marschiertor, Elisenbrunnen, Ludwig Forum für Internationale Kunst, Couven-Museum, Carolus-Thermen
www.aachen.de

AE (alt) → **V**
AH (alt) → **BOR**
AIB (alt) → **RO**

AIC Aichach-Friedberg **D8**
Landkreis; Kreisstadt: Aichach
Bundesland: Bayern
Zugelassene Pkw in 1000: 77,7

AK Altenkirchen **B5**
(Westerwald)
Landkreis; Kreisstadt: Altenkirchen
Bundesland: Rheinland-Pfalz
Zugelassene Pkw in 1000: 81,2

AL (alt) → **MK**
ALF (alt) → **HI**
ALS (alt) → **VB**
ALZ (alt) → **AB**

AM Amberg **E7**
Kreisfreie Stadt: Amberg
Bundesland: Bayern
Zugelassene Pkw in 1000: 25,0

AN Ansbach **D7**
Landkreis/Kreisfreie Stadt: Ansbach
Bundesland: Bayern
Zugelassene Pkw in 1000: 136,4

ANA Annaberg **E5**
Landkreis; Kreisstadt: Annaberg-Buchholz
Bundesland: Sachsen
Zugelassene Pkw in 1000: 48,4

ANG (alt) → **UM**
ANK (alt) → **OVP**

AÖ Altötting **E8**
Landkreis; Kreisstadt: Altötting
Bundesland: Bayern
Zugelassene Pkw in 1000: 64,8

AP Weimarer-Land **D5**
Landkreis; Kreisstadt: Apolda
Bundesland: Thüringen
Zugelassene Pkw in 1000: 51,1

APD (alt) → **AP**
AR (alt) → **HSK**
ARN (alt) → **IK**
ART (alt) → **KYF**

AS Amberg-Sulzbach **D7**
Landkreis; Kreisstadt: Amberg
(→ AM)
Bundesland: Bayern
Zugelassene Pkw in 1000: 65,6

ASD (alt) → EL

ASL Aschersleben-Staßfurt D4
Landkreis; Kreisstadt: Aschersleben
Bundesland: Sachsen-Anhalt
Zugelassene Pkw in 1000: 50,5

ASZ Aue-Schwarzenberg E5
Landkreis; Kreisstadt: Aue
Bundesland: Sachsen
Zugelassene Pkw in 1000: 75,3

AT (alt) → DM
AU (alt) → ASZ

AUR Aurich B2
Landkreis; Kreisstadt: Aurich
Bundesland: Niedersachsen
Zugelassene Pkw in 1000: 103,5

AW Ahrweiler A6
Landkreis; Kreisstadt: Bad Neuenahr-Ahrweiler
Bundesland: Rheinland-Pfalz
Zugelassene Pkw in 1000: 79,5

AZ Alzey-Worms B7
Landkreis; Kreisstadt: Alzey
Bundesland: Rheinland-Pfalz
Zugelassene Pkw in 1000: 79,0

AZE Anhalt-Zerbst E4
Landkreis; Kreisstadt: Zerbst
Bundesland: Sachsen-Anhalt
Zugelassene Pkw in 1000: 38,6

B Berlin (Hauptstadt) E3
Stadtstaat/Bundesland: Berlin
Zugelassene Pkw in 1000: 1.226,0
Sehenswürdigkeiten: Brandenburger Tor, Reichstag, Berliner Dom, Siegessäule, Kaiser-Wilhelm-Gedächtniskirche, Staatsoper, Kurfürstendamm, Alexanderplatz, Potsdamer Platz, Hackesche Höfe, Holocaust-Mahnmal, Mauermuseum (Checkpoint Charlie), Museumsinsel, Gemäldegalerie im Kulturforum, Prenzlauer Berg, Zoologischer Garten
www.berlin.de

BA Bamberg D6
Landkreis/Kreisfreie Stadt: Bamberg
Bundesland: Bayern
Zugelassene Pkw in 1000: 129,2

BAD Baden-Baden B8
Kreisfreie Stadt: Baden-Baden
Bundesland: Baden-Württemberg
Zugelassene Pkw in 1000: 33,8

BAR Barnim F3
Landkreis; Kreisstadt: Eberswalde

Bundesland: Brandenburg
Zugelassene Pkw in 1000: 101,1

BB Böblingen **C8**
Landkreis; Kreisstadt: Böblingen
Bundesland: Baden-Württemberg
Zugelassene Pkw in 1000: 242,7

BBG Bernburg (Saale) **D4**
Landkreis; Kreisstadt: Bernburg
Bundesland: Sachsen-Anhalt
Zugelassene Pkw in 1000: 34,1

BC Biberach (Riß) **C8**
Landkreis; Kreisstadt: Biberach
Bundesland: Baden-Württemberg
Zugelassene Pkw in 1000: 114,8

BCH (alt) → **MOS**
BE (alt) → **WAF**
BED (alt) → **FG**
BEI (alt) → **EI**
BEL (alt) → **PM**
BER (alt) → **BAR**
BF (alt) → **ST**
BGD (alt) → **BGL**

BGL Berchtesgadener Land **E9**
Landkreis; Kreisstadt: Bad Reichenhall
Bundesland: Bayern
Zugelassene Pkw in 1000: 60,3

BH (alt) → **RA**

BI Bielefeld **B4**
Kreisfreie Stadt: Bielefeld
Bundesland: Nordrhein-Westfalen
Zugelassene Pkw in 1000: 164,4
Sehenswürdigkeiten: Altes und Neues Rathaus,Sparrenburg, Ravensberger Spinnerei, Altstädter Nicolaikirche, Neustädter Marienkirche, Kunsthalle
www.bielefeld.de

BID (alt) → **MR**
BIN (alt) → **MZ**

BIR Birkenfeld (Nahe) **A6**
Landkreis; Kreisstadt: Birkenfeld
Bundesland: Rheinland-Pfalz
Zugelassene Pkw in 1000: 53,8

BIT Bitburg-Prüm **A6**
Landkreis; Kreisstadt: Bitburg
Bundesland: Rheinland-Pfalz
Zugelassene Pkw in 1000: 61,1

BIW (alt) → **BZ**
BK (alt) → **WN**
BKS (alt) → **WIL**

BL Zollernalbkreis **C8**
Landkreis; Kreisstadt: Balingen
Bundesland: Baden-Württemberg
Zugelassene Pkw in 1000: 121,9

BLB (alt) → **SI**

BLK Burgenlandkreis **D5**
Landkreis; Kreisstadt: Naumburg
Bundesland: Sachsen-Anhalt
Zugelassene Pkw in 1000: 73,9

BM Rhein-Erft-Kreis **A5**
Landkreis; Kreisstadt: Bergheim
Bundesland: Nordrhein-Westfalen
Zugelassene Pkw in 1000: 260,4

BN Bonn **A5**
Kreisfreie Stadt: Bonn
Bundesland: Nordrhein-Westfalen
Zugelassene Pkw in 1000: 170,8
Sehenswürdigkeiten: Altes Rathaus, Kurfürstliches Schloss (Hauptgebäude Universität), Poppelsdorfer Schloss, Bonner Münster, Kirche St. Cyprian, Bundeskunsthalle, August-Macke-Haus, Beethoven-Haus
www.bonn.de

BNA (alt) → **L**

BO Bochum **B5**
Kreisfreie Stadt: Bochum
Bundesland: Nordrhein-Westfalen
Zugelassene Pkw in 1000: 190,3
Sehenswürdigkeiten: Rathaus, Wasserburg Haus Kemnade, Pauluskirche, Propsteikirche St. Peter und Paul, Christuskirche, Kunstsammlung, Deutsches Bergbau-Museum, Museum Bochum, Planetarium
www.bochum.de

BÖ Bördekreis **D4**
Landkreis; Kreisstadt: Oschersleben
Bundesland: Sachsen-Anhalt
Zugelassene Pkw in 1000: 44,4

BOG (alt) → **SR**
BOH (alt) → **BOR**

BOR Borken **A4**
Landkreis; Kreisstadt: Borken
Bundesland: Nordrhein-Westfalen
Zugelassene Pkw in 1000: 197,8

BOT Bottrop **A5**
Kreisfreie Stadt: Bottrop
Bundesland: Nordrhein-Westfalen
Zugelassene Pkw in 1000: 65,9

BR (alt) → **KA**

BRA Wesermarsch **B2**
Landkreis; Kreisstadt: Brake
Bundesland: Niedersachsen
Zugelassene Pkw in 1000: 51,2

BRB Brandenburg (Havel) **E3**
Kreisfreie Stadt: Brandenburg

Bundesland: Brandenburg
Zugelassene Pkw in 1000: 35,8

BRG (alt) → **JL**
BRI (alt) → **HSK**
BRK (alt) → **KG**
BRL (alt) → **GS**
BRV (alt) → **ROW**

BS Braunschweig **D4**

Kreisfreie Stadt: Braunschweig
Bundesland: Niedersachsen
Zugelassene Pkw in 1000: 126,7
Sehenswürdigkeiten: Altstadtrathaus, Burg Dankwarderode, Braunschweiger Dom, Kirche St. Andreas, Eisenbahnmuseum, Herzog-Anton-Ulrich-Museum
www.braunschweig.de

BSB (alt) → **OS**
BSK (alt) → **LOS**

BT Bayreuth **D6**

Landkreis/Kreisfreie Stadt: Bayreuth
Bundesland: Bayern
Zugelassene Pkw in 1000: 108,2

BTF Bitterfeld **E4**

Landkreis; Kreisstadt: Bitterfeld
Bundesland: Sachsen-Anhalt
Zugelassene Pkw in 1000: 56,3

BU (alt) → **H**

BÜD (alt) → **FB**
BÜR (alt) → **PB**

BÜS Büsingen (Hochrhein) **B9**

Gemeinde: Büsingen
Landkreis: Konstanz (→ KN)
Bundesland: Baden-Württemberg
Zugelassene Pkw in 1000: k.A.

BÜZ (alt) → **GÜ**
BUL (alt) → **SAD**

BZ Bautzen **F5**

Landkreis; Kreisstadt: Bautzen
Bundesland: Sachsen
Zugelassene Pkw in 1000: 89,3

BZA (alt) → **SÜW**

C Chemnitz **E5**

Kreisfreie Stadt: Chemnitz
Bundesland: Sachsen
Zugelassene Pkw in 1000: 131,3
Sehenswürdigkeiten: Roter Turm, Stadtkirche St. Jakobi, Schlosskirche, Opernhaus, Industriemuseum, Kunstsammlungen, Museum für sächsische Fahrzeuge, Versteinerter Wald, Karl-Marx-Monument
www.chemnitz.de

CA (alt) → **OSL**
CAS (alt) → **RE**

CB Cottbus F4
Kreisfreie Stadt: Cottbus
Bundesland: Brandenburg
Zugelassene Pkw in 1000: 54,0

CE Celle C3
Landkreis; Kreisstadt: Celle
Bundesland: Niedersachsen
Zugelassene Pkw in 1000: 105,0

CHA Cham E7
Landkreis; Kreisstadt: Cham
Bundesland: Bayern
Zugelassene Pkw in 1000: 83,5

CLP Cloppenburg B3
Landkreis; Kreisstadt: Cloppenburg
Bundesland: Niedersachsen
Zugelassene Pkw in 1000: 83,8

CLZ (alt) → GS

CO Coburg D6
Landkreis/Kreisfreie Stadt: Coburg
Bundesland: Bayern
Zugelassene Pkw in 1000: 79,8

COC Cochem-Zell B6
Landkreis; Kreisstadt: Cochem
Bundesland: Rheinland-Pfalz
Zugelassene Pkw in 1000: 41,2

COE Coesfeld B4
Landkreis; Kreisstadt: Coesfeld
Bundesland: Nordrhein-Westfalen
Zugelassene Pkw in 1000: 129,6

CR (alt) → SHA

CUX Cuxhaven C2
Landkreis; Kreisstadt: Cuxhafen
Bundesland: Niedersachsen
Zugelassene Pkw in 1000: 121,3

CW Calw B8
Landkreis; Kreisstadt: Calw
Bundesland: Baden-Württemberg
Zugelassene Pkw in 1000: 95,5

D Düsseldorf A5
Kreisfreie Stadt: Düsseldorf
Bundesland: Nordrhein-Westfalen
Zugelassene Pkw in 1000: 298,1
Sehenswürdigkeiten: Kaiserpfalz Kaiserswerth, Deutsche Oper am Rhein, St. Lambertus, Kunstsammlung Nordrhein-Westfalen, Schifffahrt-Museum im Schlossturm, Senfmuseum, Theatermuseum, Kunstakademie, Kunsthalle, Stadtmuseum, Aquazoo-Löbbecke-Museum, Botanischer Garten der Universität, Königsallee
www.duesseldorf.de

DA Darmstadt-Dieburg B6
Landkreis; Kreisstadt: Darmstadt
Kreisfreie Stadt: Darmstadt

Bundesland: Hessen
Zugelassene Pkw in 1000: 250,6

DAH Dachau D8

Landkreis; Kreisstadt: Dachau
Bundesland: Bayern
Zugelassene Pkw in 1000: 76,9

DAN Dannenberg D6

Landkreis: Lüchow-Dannenberg; Kreisstadt: Lüchow
Bundesland: Niedersachsen
Zugelassene Pkw in 1000: 31,0

DAU Daun A6

Landkreis: Vulkaneifel; Kreisstadt: Daun
Bundesland: Rheinland-Pfalz
Zugelassene Pkw in 1000: 39,4

DBR Bad Doberan D2

Landkreis; Kreisstadt: Bad Doberan
Bundesland: Mecklenburg-Vorpommern
Zugelassene Pkw in 1000: 71,1

DD Dresden F5

Kreisfreie Stadt: Dresden
Bundesland: Sachsen
Zugelassene Pkw in 1000: 218,1
Sehenswürdigkeiten: Semperoper, Residenzschloss, Zwinger, Blaues Wunder (Loschwitzer Brücke), Kulturpalast, Frauenkirche, Kathedrale, Kreuzkirche, Deutsches Hygiene-Museum, Erich-Kästner-Museum, Fahrradmuseum, Gemäldegalerie Alte Meister mit Sixtinischer Madonna, Kunstgewerbemuseum, Japanisches Palais
www.dresden.de

DE Dessau E4

Kreisfreie Stadt: Dessau
Bundesland: Sachsen-Anhalt
Zugelassene Pkw in 1000: 40,5

DEG Deggendorf E8

Landkreis; Kreisstadt: Deggendorf
Bundesland: Bayern
Zugelassene Pkw in 1000: 70,5

DEL Delmenhorst B3

Kreisfreie Stadt: Delmenhorst
Bundesland: Niedersachsen
Zugelassene Pkw in 1000: 41,0

DGF Dingolfing-Landau E8

Landkreis; Kreisstadt: Dingolfing
Bundesland: Bayern
Zugelassene Pkw in 1000: 64,0

DH Diepholz B3

Landkreis; Kreisstadt: Diepholz
Bundesland: Niedersachsen
Zugelassene Pkw in 1000: 131,8

DI (alt) → **DA**
DIL (alt) → **LDK**
DIN (alt) → **WES**
DIZ (alt) → **EMS**
DKB (alt) → **AN**

DL Döbeln **E5**
Landkreis; Kreisstadt: Döbeln
Bundesland: Sachsen
Zugelassene Pkw in 1000: 42,4

DLG Dillingen (Donau) **D8**
Landkreis; Kreisstadt: Dillingen
Bundesland: Bayern
Zugelassene Pkw in 1000: 58,3

DM Demmin **E2**
Landkreis; Kreisstadt: Demmin
Bundesland: Mecklenburg-Vorpommern
Zugelassene Pkw in 1000: 47,2

DN Düren **A5**
Landkreis; Kreisstadt: Düren
Bundesland: Nordrhein-Westfalen
Zugelassene Pkw in 1000: 166,8

DO Dortmund **B5**
Kreisfreie Stadt: Dortmund
Bundesland: Nordrhein-Westfalen
Zugelassene Pkw in 1000: 285,5
Sehenswürdigkeiten: Altes Hafenamt, Hörder Burg, Wasserschloss Haus Bodelschwingh, Reinoldikirche, St. Petri-Kirche, Museum am Ostwall, Industriemuseum, Alter Markt, RWE Tower, Spielbank Hohensyburg
www.dortmund.de

DON Donau-Ries **D8**
Landkreis; Kreisstadt: Donauwörth
Bundesland: Bayern
Zugelassene Pkw in 1000: 81,6

DS (alt) → **VS**
DT (alt) → **LIP**

DU Duisburg **A5**
Kreisfreie Stadt: Duisburg
Bundesland: Nordrhein-Westfalen
Zugelassene Pkw in 1000: 237,7
Sehenswürdigkeiten: Rathaus, Jüdisches Gemeindezentrum, Salvatorkirche, Stiftung Wilhelm-Lehmbruck-Museum, Kultur- und Stadthistorisches Museum, Museum der Deutschen Binnenschifffahrt, Landschaftspark Duisburg-Nord, Innenhafen
www.duisburg.de

DUD (alt) → **GÖ**

DÜW Bad Dürkheim **B7**
Landkreis; Kreisstadt: Bad Dürkheim (Weinstraße)

Bundesland: Rheinland-Pfalz
Zugelassene Pkw in 1000: 85,2

DW Weißeritzkreis F5
Landkreis; Kreisstadt: Dippoldiswalde
Bundesland: Sachsen
Zugelassene Pkw in 1000: 74,1

DZ Delitzsch E5
Landkreis; Kreisstadt: Delitzsch
Bundesland: Sachsen
Zugelassene Pkw in 1000: 69,0

E Essen A5
Kreisfreie Stadt: Essen
Bundesland: Nordrhein-Westfalen
Zugelassene Pkw in 1000: 290,8
Sehenswürdigkeiten: Münster, Glockenspiel, Marktkirche, Alte Synagoge, Europahaus, Rathaus, Lichtburg, Colosseum-Theater, Grillo-Theater, Folkwangmuseum, Ruhrlandmuseum, Haus der Technik, Kokerei und Zeche
www.essen.de

EA Eisenach D5
Kreisfreie Stadt: Eisenach
Bundesland: Thüringen
Zugelassene Pkw in 1000: 23,8

EB (alt) → DZ

EBE Ebersberg E8
Landkreis; Kreisstadt: Ebersberg
Bundesland: Bayern
Zugelassene Pkw in 1000: 72,1

EBN (alt) → HAS
EBS (alt) → FO
ECK (alt) → RD

ED Erding E8
Landkreis; Kreisstadt: Erding
Bundesland: Bayern
Zugelassene Pkw in 1000: 75,3

EE Elbe-Elster E5
Landkreis; Kreisstadt: Herzberg
Bundesland: Brandenburg
Zugelassene Pkw in 1000: 72,6

EF Erfurt D5
Kreisfreie Stadt: Erfurt
Bundesland: Thüringen
Zugelassene Pkw in 1000: 94,6
Sehenswürdigkeiten: Rathaus, Schloss Molsdorf, Wassermühle, Zitadelle Petersberg, Allerheiligenkirche, Mariendom, Severikirche, Angermuseum, Kunsthalle, Aquarium, Thüringer Zoopark
www.erfurt.de

EG (alt) → PAN
EH (alt) → LOS
EHI (alt) → UL

EI Eichstätt **D8**
Landkreis; Kreisstadt: Eichstätt
Bundesland: Bayern
Zugelassene Pkw in 1000: 71,5

EIC Eichsfeld **D5**
Landkreis; Kreisstadt: Heiligenstadt
Bundesland: Thüringen
Zugelassene Pkw in 1000: 62,3

EIH (alt) → **EI**
EIL (alt) → **ML**
EIN (alt) → **NOM**
EIS (alt) → **SHK**

EL Emsland **B3**
Landkreis; Kreisstadt: Meppen
Bundesland: Niedersachsen
Zugelassene Pkw in 1000: 173,4

EM Emmendingen **B8**
Landkreis; Kreisstadt: Emmendingen
Bundesland: Baden-Württemberg
Zugelassene Pkw in 1000: 90,2

EMD Emden **B2**
Kreisfreie Stadt: Emden
Bundesland: Niedersachsen
Zugelassene Pkw in 1000: 22,8

EMS Rhein-Lahn-Kreis **B6**
Landkreis; Kreisstadt: Bad Ems
Bundesland: Rheinland-Pfalz
Zugelassene Pkw in 1000: 78,3

EN Ennepe-Ruhr-Kreis **B5**
Landkreis; Kreisstadt: Schwelm
Bundesland: Nordrhein-Westfalen
Zugelassene Pkw in 1000: 194,9

ER Erlangen **D7**
Kreisfreie Stadt: Erlangen
Bundesland: Bayern
Zugelassene Pkw in 1000: 54,5

ERB Odenwaldkreis **C7**
Landkreis; Kreisstadt: Erbach
Bundesland: Hessen
Zugelassene Pkw in 1000: 61,1

ERH Erlangen-Höchstadt **D7**
Landkreis; Kreisstadt: Erlangen (→ ER)
Bundesland: Bayern
Zugelassene Pkw in 1000: 83,2

ERK (alt) → **HS**

ES Esslingen (Neckar) **C8**
Landkreis; Kreisstadt: Esslingen
Bundesland: Baden-Württemberg
Zugelassene Pkw in 1000: 313,4

ESA (alt) → **WAK**
ESB (alt) → **NEW**

ESW Werra-Meißner-Kreis **D5**
Landkreis; Kreisstadt: Eschwege

Bundesland: Hessen
Zugelassene Pkw in 1000: 65,4

EU Euskirchen A5
Landkreis; Kreisstadt: Euskirchen
Bundesland: Nordrhein-Westfalen
Zugelassene Pkw in 1000: 150,4

EUT (alt) → OH
EW (alt) → BAR

F Frankfurt (Main) B6
Kreisfreie Stadt: Frankfurt am Main
Bundesland: Hessen
Zugelassene Pkw in 1000: 333,7
Sehenswürdigkeiten: Römerberg, Alte Oper, Dreikönigskirche, Kaiserdom St. Bartholomäus, Paulskirche, Goethe-Haus, Museumsufer mit Deutschem Filmmuseum und Städelschem Kunstinstitut, Museum für Moderne Kunst, Jüdisches Museum, Commerzbank-Hochhaus, Messegelände, Börsenplatz und Börse, Kleinmarkthalle, Zeilgalerie
www.frankfurt.de

FAL (alt) → SFA

FB Wetteraukreis C6
Landkreis; Kreisstadt: Friedberg
Bundesland: Hessen
Zugelassene Pkw in 1000: 177,7

FD Fulda C6
Landkreis; Kreisstadt: Fulda
Bundesland: Hessen
Zugelassene Pkw in 1000: 131,9

FDB (alt) → AIC

FDS Freudenstadt B8
Landkreis; Kreisstadt: Freudenstadt
Bundesland: Baden-Württemberg
Zugelassene Pkw in 1000: 71,7

FEU (alt) → AN

FF Frankfurt (Oder) F3
Kreisfreie Stadt: Frankfurt (Oder)
Bundesland: Brandenburg
Zugelassene Pkw in 1000: 33,2

FFB Fürstenfeldbruck D8
Landkreis; Kreisstadt: Fürstenfeldbruck
Bundesland: Bayern
Zugelassene Pkw in 1000: 112,0

FG Freiberg E5
Landkreis; Kreisstadt: Freiberg
Bundesland: Sachsen
Zugelassene Pkw in 1000: 83,6

FH (alt) → MTK
FI (alt) → EE
FKB (alt) → KB

FL Flensburg **C1**
Kreisfreie Stadt: Flensburg
Bundesland: Schleswig-Holstein
Zugelassene Pkw in 1000: 52,6

FLÖ (alt) → **FG**

FN Bodenseekreis **C9**
Landkreis; Kreisstadt: Friedrichshafen
Bundesland: Baden-Württemberg
Zugelassene Pkw in 1000: 123,5

FO Forchheim **D6**
Landkreis; Kreisstadt: Forchheim
Bundesland: Bayern
Zugelassene Pkw in 1000: 71,3

FOR (alt) → **SPN**

FR Freiburg (Breisgau) **B8**
Landkreis: Breisgau-Hochschwarzwald; Kreisstadt: Freiburg
Kreisfreie Stadt: Freiburg
Bundesland: Baden-Württemberg
Zugelassene Pkw in 1000: 236,1
Sehenswürdigkeiten: Freiburger Münster, Schwabentor, Colombischlössle, Aussichtsturm Schlossberg, Konzerthaus, Jesuitenkirche, Augustinermuseum, Museums-Bergwerk Schauinsland, Botanischer Garten
www.freiburg.de

FRG Freyung-Grafenau **F8**
Landkreis; Kreisstadt: Freyung
Bundesland: Bayern
Zugelassene Pkw in 1000: 49,2

FRI Friesland **B2**
Landkreis; Kreisstadt: Jever
Bundesland: Niedersachsen
Zugelassene Pkw in 1000: 60,9

FRW (alt) → **MOL**

FS Freising **D8**
Landkreis; Kreisstadt: Freising
Bundesland: Bayern
Zugelassene Pkw in 1000: 96,6

FT Frankenthal (Pfalz) **B7**
Kreisfreie Stadt: Frankenthal
Bundesland: Rheinland-Pfalz
Zugelassene Pkw in 1000: 26,1

FTL (alt) → **DW**

FÜ Fürth **D7**
Landkreis; Kreisstadt: Zirndorf
Kreisfreie Stadt: Fürth
Bundesland: Bayern
Zugelassene Pkw in 1000: 128,9

FÜS (alt) → **OAL**
FW (alt) → **LOS**
FZ (alt) → **HR**

G Gera E5
Kreisfreie Stadt: Gera
Bundesland: Thüringen
Zugelassene Pkw in 1000: 50,6

GA (alt) → SAW
GAN (alt) → NOM

GAP Garmisch-Partenkirchen D9
Landkreis; Kreisstadt: Garmisch-Partenkirchen
Bundesland: Bayern
Zugelassene Pkw in 1000: 50,2

GC Chemnitzer Land E5
Landkreis; Kreisstadt: Glauchau
Bundesland: Sachsen
Zugelassene Pkw in 1000: 78,3

GD (alt) → AA
GDB (alt) → NWM

GE Gelsenkirchen A4
Kreisfreie Stadt: Gelsenkirchen
Bundesland: Nordrhein-Westfalen
Zugelassene Pkw in 1000: 124,3
Sehenswürdigkeiten: Hans-Sachs-Haus, Musiktheater im Revier, Schloss Berge, Wasserburg Haus Lüttinghof, Heilig-Kreuz-Kirche, Motorradmuseum, Veltins-Arena (Schalke)
www.gelsenkirchen.de

GEL (alt) → KLE
GEM (alt) → MSP
GEO (alt) → SW

GER Germersheim B7
Landkreis; Kreisstadt: Germersheim
Bundesland: Rheinland-Pfalz
Zugelassene Pkw in 1000: 78,2

GF Gifhorn D3
Landkreis; Kreisstadt: Gifhorn
Bundesland: Niedersachsen
Zugelassene Pkw in 1000: 101,5

GG Groß-Gerau B6
Landkreis; Kreisstadt: Groß-Gerau
Bundesland: Hessen
Zugelassene Pkw in 1000: 162,1

GHA (alt) → L
GHC (alt) → WB

GI Gießen B5
Landkreis; Kreisstadt: Gießen
Bundesland: Hessen
Zugelassene Pkw in 1000: 146,6

GK (alt) → HS

GL Rheinisch-Bergischer Kreis B5
Landkreis; Kreisstadt: Bergisch Gladbach

Bundesland: Nordrhein-Westfalen
Zugelassene Pkw in 1000: 172,0

GLA (alt) → **RE**

GM Gummersbach **B5**
Landkreis: Oberbergischer Kreis; Kreisstadt: Gummersbach
Bundesland: Nordrhein-Westfalen
Zugelassene Pkw in 1000: 171,4

GMN (alt) → **NVP**
GN (alt) → **HU**
GNT (alt) → **JL**
GOA (alt) → **SIM**

GÖ Göttingen **C5**
Landkreis; Kreisstadt: Göttingen
Bundesland: Niedersachsen
Zugelassene Pkw in 1000: 135,6

GOH (alt) → **EMS**

GP Göppingen **C8**
Landkreis; Kreisstadt: Göppingen
Bundesland: Baden-Württemberg
Zugelassene Pkw in 1000: 154,9

GR Görlitz **F5**
Kreisfreie Stadt: Görlitz
Bundesland: Sachsen
Zugelassene Pkw in 1000: 27,4

GRA (alt) → **FRG**

GRH (alt) → **RG**
GRI (alt) → **PA**
GRM (alt) → **MTL**
GRS (alt) → **OHV**

GRZ Greiz **E5**
Landkreis; Kreisstadt: Greiz
Bundesland: Thüringen
Zugelassene Pkw in 1000: 70,2

GS Goslar **D4**
Landkreis; Kreisstadt: Goslar
Bundesland: Niedersachsen
Zugelassene Pkw in 1000: 84,1

GT Gütersloh **B4**
Landkreis; Kreisstadt: Gütersloh
Bundesland: Nordrhein-Westfalen
Zugelassene Pkw in 1000: 208,4

GTH Gotha **D5**
Landkreis; Kreisstadt: Gotha
Bundesland: Thüringen
Zugelassene Pkw in 1000: 80,3

GUB (alt) → **SPN**

GÜ Güstrow **E2**
Landkreis; Kreisstadt: Güstrow
Bundesland: Mecklenburg-Vorpommern
Zugelassene Pkw in 1000: 56,1

GUN (alt) → **WUG**

GV (alt) → **NE**
GVM (alt) → **NWM**
GW (alt) → **OVP**

GZ Günzburg C8
Landkreis; Kreisstadt: Günzburg
Bundesland: Bayern
Zugelassene Pkw in 1000: 74,9

H Hannover C3
Region/Stadt: Hannover
Bundesland: Niedersachsen
Zugelassene Pkw in 1000: 566,8
Sehenswürdigkeiten: Altes und Neues Rathaus, Opernhaus, Leineschloss, Welfenschloss, Marktkirche, Nikolaikapelle, Kestner-Museum, Niedersächsisches Landesmuseum, Volkssternwarte, Herrenhäuser Gärten, Tiergarten
www.hannover.de

HA Hagen B5
Kreisfreie Stadt: Hagen
Bundesland: Nordrhein-Westfalen
Zugelassene Pkw in 1000: 97,8
Sehenswürdigkeiten: Eugen-Richter-Turm, Schloss Hohenlimburg, Wasserschloss Werdringen, Johanniskirche, Westfälisches Freilichtmuseum, Lange Riege, Volkspark
www.hagen.de

HAB (alt) → **KG**

HAL Halle (Saale) E5
Kreisfreie Stadt: Halle
Bundesland: Sachsen-Anhalt
Zugelassene Pkw in 1000: 95,5
Sehenswürdigkeiten: Stadthaus, Moritzburg, Händelhaus, Neue Residenz, Opernhaus Halle, Roter Turm, Marktkirche Unser Lieben Frauen, Hallescher Dom, Salinemuseum, Geologischer Garten, Hallescher Bergzoo
www.halle.de

HAM Hamm B4
Kreisfreie Stadt: Hamm
Bundesland: Nordrhein-Westfalen
Zugelassene Pkw in 1000: 92,2
Sehenswürdigkeiten: Stadtmauer, Schloss Heessen, Martin-Luther-Kirche, Pauluskirche, Gustav-Lübcke-Museum, Maximilianpark mit Glaselefant
www.hamm.de

HAS Haßberge D6
Landkreis; Kreisstadt: Haßfurt
Bundesland: Bayern
Zugelassene Pkw in 1000: 55,1

HB Hansestadt Bremen C3
Stadtstaat/Kreisfreie Stadt: Bremen, Bremerhaven
Bundesland: Bremen
Zugelassene Pkw in 1000: 293,9

Sehenswürdigkeiten: Rathaus, Rolandstatue, Haus Schütting, Schnoorviertel, Weserburg, Liebfrauenkirche, St.-Petri-Dom, Heimatmuseum Schloss Schönebeck, Kunsthalle, Rundfunkmuseum, Universum Science Center, Rhododendron-Park mit Botanika
www.bremen.de

HBN Hildburghausen **D6**
Landkreis; Kreisstadt: Hildburghausen
Bundesland: Thüringen
Zugelassene Pkw in 1000: 45,0

HBS Halberstadt **D4**
Landkreis; Kreisstadt: Halberstadt
Bundesland: Sachsen-Anhalt
Zugelassene Pkw in 1000: 40,8

HC (alt) → MW
HCH (alt) → BL

HD Rhein-Neckar-Kreis **B7**
Landkreis; Kreisstadt: Heidelberg
Kreisfreie Stadt: Heidelberg
Bundesland: Baden-Württemberg
Zugelassene Pkw in 1000: 387,6

HDH Heidenheim (Brenz) **C8**
Landkreis; Kreisstadt: Heidenheim
Bundesland: Baden-Württemberg
Zugelassene Pkw in 1000: 78,7

HDL (alt) → OK

HE Helmstedt **D4**
Landkreis; Kreisstadt: Helmstedt
Bundesland: Niedersachsen
Zugelassene Pkw in 1000: 55,8

HEB (alt) → LAU

HEF Hersfeld-Rotenburg **C5**
Landkreis; Kreisstadt: Bad Hersfeld
Bundesland: Hessen
Zugelassene Pkw in 1000: 78,3

HEI Dithmarschen **C2**
Landkreis; Kreisstadt: Heide
Bundesland: Schleswig-Holstein
Zugelassene Pkw in 1000: 78,7

HER Herne **B5**
Kreisfreie Stadt: Herne
Bundesland: Nordrhein-Westfalen
Zugelassene Pkw in 1000: 77,9
Sehenswürdigkeiten: Kaiser-Wilhelm-Turm, Rathaus, Renaissance-Wasserschloss Strünkede, Christuskirche, Johanneskirche, Westfälisches Landesmuseum, Museum für Archäologie
www.herne.de

HET (alt) → ML

HF Herford B4
Landkreis; Kreisstadt: Herford
Bundesland: Nordrhein-Westfalen
Zugelassene Pkw in 1000: 156,1

HG Hochtaunuskreis B6
Landkreis; Kreisstadt: Bad Homburg
Bundesland: Hessen
Zugelassene Pkw in 1000: 147,0

HGN (alt) → LWL

HGW Hansestadt Greifswald E2
Kreisfreie Stadt: Greifswald
Bundesland: Mecklenburg-Vorpommern
Zugelassene Pkw in 1000: 24,2

HH Hansestadt Hamburg C2
Stadtstaat/Bundesland: Hamburg
Zugelassene Pkw in 1000: 844,3
Sehenswürdigkeiten: Rathaus, Bismarck-Denkmal, Turmruine St. Nikolai, Michel (St.-Michaelis-Kirche), Hamburger Kunsthalle, Hamburgmuseum, Hamburger Hafen, Speicherstadt, Deichstraße, Reeperbahn, Fischmarkt, Planetarium, Alsterarkaden
www.hamburg.de

HHM (alt) → WSF

HI Hildesheim C4
Landkreis; Kreisstadt: Hildesheim
Bundesland: Niedersachsen
Zugelassene Pkw in 1000: 160,3

HIG (alt) → EIC
HIP (alt) → RH

HL Hansestadt Lübeck D2
Kreisfreie Stadt: Lübeck
Bundesland: Schleswig-Holstein
Zugelassene Pkw in 1000: 97,7
Sehenswürdigkeiten: Buddenbrookhaus, Holstentor, Rathaus, Burgkloster, Zeughaus, Salzspeicher an der Trave, Füchtingshof, Dom, Marienkirche, Günter-Grass-Haus, St.-Annen-Museum, Haus der Schiffergesellschaft, Heiligen-Geist-Hospital
www.luebeck.de

HM Hameln-Pyrmont C4
Landkreis; Kreisstadt: Hameln
Bundesland: Niedersachsen
Zugelassene Pkw in 1000: 93,6

HMÜ (alt) → GÖ

HN Heilbronn (Neckar) C7
Landkreis/Kreisfreie Stadt: Heilbronn
Bundesland: Baden-Württemberg
Zugelassene Pkw in 1000: 281,1

HO Hof **E6**
Landkreis/Kreisfreie Stadt: Hof
Bundesland: Bayern
Zugelassene Pkw in 1000: 92,8

HÖS (alt) → **ERH**
HOG (alt) → **KS**
HOH (alt) → **HAS**

HOL Holzminden **C4**
Landkreis; Kreisstadt: Holzminden
Bundesland: Niedersachsen
Zugelassene Pkw in 1000: 46,2

HOM Saarpfalz-Kreis **B7**
Landkreis; Kreisstadt: Homburg
Bundesland: Saarland
Zugelassene Pkw in 1000: 98,4

HOR (alt) → **FDS**
HOT (alt) → **GC**

HP Bergstraße **B6**
Landkreis; Kreisstadt: Heppenheim
Bundesland: Hessen
Zugelassene Pkw in 1000: 166,6

HR Schwalm-Eder-Kreis **C5**
Landkreis; Kreisstadt: Homberg
Bundesland: Hessen
Zugelassene Pkw in 1000: 118,3

HRO Hansestadt Rostock **E2**
Kreisfreie Stadt: Rostock
Bundesland: Mecklenburg-Vorpommern
Zugelassene Pkw in 1000: 82,3
Sehenswürdigkeiten: Kloster zum Heiligen Kreuz, Kuhtor, Ständehaus, Marienkirche, Nikolaikirche, St.-Petri-Kirche, Kunsthalle Rostock, Rostocker Zoo
www.rostock.de

HS Heinsberg **A5**
Landkreis; Kreisstadt: Heinsberg
Bundesland: Nordrhein-Westfalen
Zugelassene Pkw in 1000: 145,5

HSK Hochsauerlandkreis **B5**
Landkreis; Kreisstadt: Meschede
Bundesland: Nordrhein-Westfalen
Zugelassene Pkw in 1000: 161,9

HST Hansestadt Stralsund **E1**
Kreisfreie Stadt: Stralsund
Bundesland: Mecklenburg-Vorpommern
Zugelassene Pkw in 1000: 26,8

HU Hanau **C6**
Stadt: Hanau
Bundesland: Hessen
Zugelassene Pkw in 1000: k.A.

HÜN (alt) → **FD**
HUS (alt) → **NF**
HV (alt) → **SDL**

HVL Havelland **E3**
Landkreis; Kreisstadt: Rathenow
Bundesland: Brandenburg
Zugelassene Pkw in 1000: 87,1

HW (alt) → **GT**

HWI Hansestadt Wismar **D2**
Kreisfreie Stadt: Wismar
Bundesland: Mecklenburg-Vorpommern
Zugelassene Pkw in 1000: 20,7

HX Höxter **C4**
Landkreis; Kreisstadt: Höxter
Bundesland: Nordrhein-Westfalen
Zugelassene Pkw in 1000: 87,4

HY Hoyerswerda **F5**
Kreisfreie Stadt: Hoyerswerda
Bundesland: Sachsen
Zugelassene Pkw in 1000: 22,6

HZ (alt) → **EE**

IGB St. Ingbert **B7**
Stadt: St. Ingbert
Bundesland: Saarland
Zugelassene Pkw in 1000: 22,1

IK Ilm-Kreis **D5**
Landkreis; Kreisstadt: Arnstadt
Bundesland: Thüringen
Zugelassene Pkw in 1000: 64,5

IL (alt) → **IK**
ILL (alt) → **NU**

IN Ingolstadt **D8**
Kreisfreie Stadt: Ingolstadt
Bundesland: Bayern
Zugelassene Pkw in 1000: 93,2

IS (alt) → **MK**

IZ Steinburg **C2**
Landkreis; Kreisstadt: Itzehoe
Bundesland: Schleswig-Holstein
Zugelassene Pkw in 1000: 78,2

J Jena **D5**
Kreisfreie Stadt: Jena
Bundesland: Thüringen
Zugelassene Pkw in 1000: 44,5

JB (alt) → **TF**
JE (alt) → **WB**
JEV (alt) → **FRI**

JL Jerichower Land **E4**
Landkreis; Kreisstadt: Burg
Bundesland: Sachsen-Anhalt
Zugelassene Pkw in 1000: 57,4

JÜL (alt) → DN

K Köln A5
Kreisfreie Stadt: Köln
Bundesland: Nordrhein-Westfalen
Zugelassene Pkw in 1000: 475,0
Sehenswürdigkeiten: Kölner Dom, 4711-Stammhaus, Stadtmauer, Kirche St. Andreas, AGFA Photo-Historama, Deutsches Sport & Olympia Museum, Kölner Karnevalsmuseum, Schokoladenmuseum, Museum Ludwig, Wallraf-Richartz-Museum, Messeturm, Volksgarten
www.koeln.de

KA Karlsruhe B7
Landkreis/Kreisfreie Stadt: Karlsruhe
Bundesland: Baden-Württemberg
Zugelassene Pkw in 1000: 402,8
Sehenswürdigkeiten: Stephanskirche, Badisches Landesmuseum im Schloss Karlsruhe, Majolika-Keramikmanufaktur, Kunsthalle, Zentrum für Kunst und Medientechnologie, Stadtgarten
www.karlsruhe.de

KAR (alt) → MSP

KB Waldeck-Frankenberg C5
Landkreis; Kreisstadt: Korbach
Bundesland: Hessen
Zugelassene Pkw in 1000: 103,4

KC Kronach D6
Landkreis; Kreisstadt: Kronach
Bundesland: Bayern
Zugelassene Pkw in 1000: 46,0

KE Kempten (Allgäu) C9
Kreisfreie Stadt: Kempten
Bundesland: Bayern
Zugelassene Pkw in 1000: 36,7

KEH Kelheim E7
Landkreis; Kreisstadt: Kelheim
Bundesland: Bayern
Zugelassene Pkw in 1000: 69,4

KEL (alt) → OG
KEM (alt) → TIR

KF Kaufbeuren D9
Kreisfreie Stadt: Kaufbeuren
Bundesland: Bayern
Zugelassene Pkw in 1000: 22,9

KG Bad Kissingen D6
Landkreis; Kreisstadt: Bad Kissingen
Bundesland: Bayern
Zugelassene Pkw in 1000: 68,6

KH Bad Kreuznach B6
Landkreis; Kreisstadt:

Bad Kreuznach
Bundesland: Rheinland-Pfalz
Zugelassene Pkw in 1000: 94,7

KI Kiel C1

Kreisfreie Stadt: Kiel
Bundesland: Schleswig-Holstein
Zugelassene Pkw in 1000: 106,8
Sehenswürdigkeiten: Schwedenkai, Rathaus, St.-Nikolai-Kirche, Computermuseum, Medizin- und Pharmaziehistorisches Museum, Schleswig-Holsteinisches Freilichtmuseum, Schifffahrtsmuseum mit Museumshafen, Alter Botanischer Garten, Olympisches Dorf, Kiellinie (Promenade), Aquarium, Marinehafen
www.kiel.de

KIB Donnersbergkreis B7

Landkreis; Kreisstadt: Kirchheimbolanden
Bundesland: Rheinland-Pfalz
Zugelassene Pkw in 1000: 48,5

KK (alt) → VIE

KL Kaiserslautern B7

Landkreis/Kreisfreie Stadt: Kaiserslautern
Bundesland: Rheinland-Pfalz
Zugelassene Pkw in 1000: 119,1

KLE Kleve A4

Landkreis; Kreisstadt: Kleve
Bundesland: Nordrhein-Westfalen
Zugelassene Pkw in 1000: 173,6

KLZ (alt) → SAW

KM Kamenz F5

Landkreis; Kreisstadt: Kamenz
Bundesland: Sachsen
Zugelassene Pkw in 1000: 92,7

KN Konstanz C9

Landkreis; Kreisstadt: Konstanz
Bundesland: Baden-Württemberg
Zugelassene Pkw in 1000: 149,7

KO Koblenz B6

Kreisfreie Stadt: Koblenz
Bundesland: Rheinland-Pfalz
Zugelassene Pkw in 1000: 59,3

KÖN (alt) → NES

KÖT Köthen E4

Landkreis; Kreisstadt: Köthen
Bundesland: Sachsen-Anhalt
Zugelassene Pkw in 1000: 34,5

KÖZ (alt) → CHA

KR Krefeld A5

Kreisfreie Stadt: Krefeld
Bundesland: Nordrhein-Westfalen

Zugelassene Pkw in 1000: 117,5
Sehenswürdigkeiten: Portal der Mennonitenkirche, Hohenbudberger Kirche, Kaiser Wilhelm Museum, Museumszentrum Burg Linn, Deutsches Textilmuseum
www.krefeld.de

KRU (alt) → GZ

KS Kassel C5
Landkreis/Kreisfreie Stadt: Kassel
Bundesland: Hessen
Zugelassene Pkw in 1000: 233,2
Sehenswürdigkeiten: Orangerie in der Karlsaue, Druselturm, Schloss und Bergpark Wilhelmshöhe, Zisselhering am Rondell, Martinskirche, Brüderkirche, Lutherkirche, Fridericianum, Ottoneum, Brüder-Grimm-Museum, documenta-Halle
www.kassel.de

KT Kitzingen D6
Landkreis; Kreisstadt: Kitzingen
Bundesland: Bayern
Zugelassene Pkw in 1000: 55,4

KU Kulmbach D6
Landkreis; Kreisstadt: Kulmbach
Bundesland: Bayern
Zugelassene Pkw in 1000: 49,5

KÜN Hohenlohekreis C7
Landkreis; Kreisstadt: Künzelsau
Bundesland: Baden-Württemberg
Zugelassene Pkw in 1000: 74,3

KUS Kusel B7
Landkreis; Kreisstadt: Kusel
Bundesland: Rheinland-Pfalz
Zugelassene Pkw in 1000: 48,4

KW (alt) → LDS
KY (alt) → OPR

KYF Kyffhäuserkreis D5
Landkreis; Kreisstadt: Sondershausen
Bundesland: Thüringen
Zugelassene Pkw in 1000: 50,0

L Leipzig E5
Landkreis; Kreisstadt: Borna
Kreisfreie Stadt: Leipzig
Bundesland: Sachsen
Zugelassene Pkw in 1000: 285,3
Sehenswürdigkeiten: Hauptbahnhof, Alte Börse, Altes Rathaus, Gohliser Schlösschen, Oper, Schillerhaus, Thomaskirche, Nikolaikirche, Bach-Archiv, Museum der bildenden Künste, Grassimuseum, Mädler-Passage
www.leipzig.de

L (alt) → LDK/GI

LA Landshut E8
Landkreis/Kreisfreie Stadt: Landshut
Bundesland: Bayern
Zugelassene Pkw in 1000: 128,4

LAN (alt) → DGF
LAT (alt) → VB

LAU Nürnberger Land D7
Landkreis; Kreisstadt: Lauf
Bundesland: Bayern
Zugelassene Pkw in 1000: 103,6

LB Ludwigsburg C8
Landkreis; Kreisstadt: Ludwigsburg
Bundesland: Baden-Württemberg
Zugelassene Pkw in 1000: 306,6

LBS (alt) → SOK
LBZ (alt) → PCH
LC (alt) → LDS

LD Landau (Pfalz) B7
Kreisfreie Stadt: Landau
Bundesland: Rheinland-Pfalz
Zugelassene Pkw in 1000: 25,4

LDK Lahn-Dill-Kreis B6
Landkreis; Kreisstadt: Wetzlar
Bundesland: Hessen
Zugelassene Pkw in 1000: 158,3

LDS Dahme-Spreewald F4
Landkreis; Kreisstadt: Lübben
Bundesland: Brandenburg
Zugelassene Pkw in 1000: 97,0

LE (alt) → LIP
LEO (alt) → BB

LER Leer (Ostfriesland) B2
Landkreis; Kreisstadt: Leer
Bundesland: Niedersachsen
Zugelassene Pkw in 1000: 90,8

LEV Leverkusen A5
Kreisfreie Stadt: Leverkusen
Bundesland: Nordrhein-Westfalen
Zugelassene Pkw in 1000: 86,4
Sehenswürdigkeiten: Rathaus, Schloss Morsbroich, Villa Römer, Wasserturm Leverkusen-Bürrig, Bayer-Hochhaus, Japanischer Garten, Wildpark Reuschenberg, Freudenthaler Sensenhammer
www.leverkusen.de

LF (alt) → BGL

LG Lüneburg C2
Landkreis; Kreisstadt: Lüneburg
Bundesland: Niedersachsen
Zugelassene Pkw in 1000: 95,7

LH (alt) → COE

LI Lindau (Bodensee) **C9**
Landkreis; Kreisstadt: Lindau
Bundesland: Bayern
Zugelassene Pkw in 1000: 47,4

LIB (alt) → **EE**

LIF Lichtenfels **D6**
Landkreis; Kreisstadt: Lichtenfels
Bundesland: Bayern
Zugelassene Pkw in 1000: 42,6

LIN (alt) → **EL**

LIP Lippe **C4**
Landkreis; Kreisstadt: Detmold
Bundesland: Nordrhein-Westfalen
Zugelassene Pkw in 1000: 211,0

LK (alt) → **MI**

LL Landsberg (Lech) **D8**
Landkreis; Kreisstadt: Landsberg am Lech
Bundesland: Bayern
Zugelassene Pkw in 1000: 68,9

LM Limburg-Weilburg **B6**
Landkreis; Kreisstadt: Limburg
Bundesland: Hessen
Zugelassene Pkw in 1000: 107,9

LN (alt) → **LDS**

LÖ Lörrach **B9**
Landkreis; Kreisstadt: Lörrach
Bundesland: Baden-Württemberg
Zugelassene Pkw in 1000: 127,8

LÖB (alt) → **ZI**
LOH (alt) → **MSP**

LOS Oder-Spree **F4**
Landkreis; Kreisstadt: Beeskow
Bundesland: Brandenburg
Zugelassene Pkw in 1000: 110,8

LP (alt) → **SO**
LR (alt) → **OG**
LS (alt) → **MK**
LSZ (alt) → **UH**

LU Ludwigshafen (Rhein) **B7**
Kreisfreie Stadt: Ludwigshafen
Bundesland: Rheinland-Pfalz
Zugelassene Pkw in 1000: 79,3
Sehenswürdigkeiten: Schillerhaus, Lutherkirche, Kirche Mariae Himmelfahrt, Wilhelm-Hack-Museum, BASF-Hochhaus, Walzmühle
www.ludwigshafen.de

LÜD (alt) → **MK**
LÜN (alt) → **UN**
LUK (alt) → **TF**

LWL Ludwigslust **D2**
Landkreis; Kreisstadt: Ludwigslust

Bundesland: Mecklenburg-Vorpommern
Zugelassene Pkw in 1000: 76,2

M München D8

Landkreis/Kreisfreie Stadt: München
Bundesland: Bayern
Zugelassene Pkw in 1000: 982,9
Sehenswürdigkeiten: Marienplatz mit Neuem und Altem Rathaus, Residenz, Schloss Nymphenburg, Karlstor, Isartor, Frauenkirche, Alter Peter, Theatinerkirche, Asamkirche, Michaelskirche, Deutsches Museum, Pinakotheken, Valentin-Karlstadt-Musäum, Englischer Garten, Olympiagelände, Viktualienmarkt, Hofbräuhaus, Allianz-Arena
www.muenchen.de

MA Mannheim B7

Kreisfreie Stadt: Mannheim
Bundesland: Baden-Württemberg
Zugelassene Pkw in 1000: 156,3
Sehenswürdigkeiten: Marktplatz, Friedrichsplatz mit Wasserturm, Nationaltheater, Schloss Mannheim, Christuskirche, Jesuitenkirche, Kunsthalle, Reiss-Engelhorn-Museen, Landesmuseum für Technik und Arbeit, Luisenpark
www.mannheim.de

MAB (alt) → **MEK**
MAI (alt) → **KEH**
MAK (alt) → **WUN**
MAL (alt) → **SR**
MAR (alt) → **MSP**

MB Miesbach D9

Landkreis; Kreisstadt: Miesbach
Bundesland: Bayern
Zugelassene Pkw in 1000: 60,5

MC (alt) → **DM**

MD Magdeburg D4

Kreisfreie Stadt: Magdeburg
Bundesland: Sachsen-Anhalt
Zugelassene Pkw in 1000: 104,1
Sehenswürdigkeiten: Rathaus, Dom, Lukasklause, Grüne Zitadelle, Jahrtausendturm, Kloster Unserer Lieben Frauen, Magdalenenkapelle, Kulturhistorisches Museum, Schulmuseum, Gruson-Gewächshäuser, Wasserstraßenkreuz Magdeburg mit Schiffshebewerk Rothensee
www.magdeburg.de

ME Mettmann A5

Landkreis; Kreisstadt: Mettmann
Bundesland: Nordrhein-Westfalen
Zugelassene Pkw in 1000: 288,7

MED (alt) → **HEI**

MEG (alt) → **HR**

MEI Meißen **E5**
Landkreis; Kreisstadt: Meißen
Bundesland: Sachsen
Zugelassene Pkw in 1000: 83,9

MEK Mittlerer Erzgebirgskreis **E5**
Landkreis; Kreisstadt: Marienberg
Bundesland: Sachsen
Zugelassene Pkw in 1000: 55,0

MEL (alt) → **OS**
MEP (alt) → **EL**
MER (alt) → **MQ**
MES (alt) → **HSK**
MET (alt) → **NES**

MG Mönchengladbach **A5**
Kreisfreie Stadt: Mönchengladbach
Bundesland: Nordrhein-Westfalen
Zugelassene Pkw in 1000: 136,5
Sehenswürdigkeiten: Münster, Städtisches Museum Abteiberg, Museum im Wasserturm Rheindahlen, Karnevalsmuseum im Alten Zeughaus, Wasserschloss Haus Horst, Bunter Garten
www.moenchengladbach.de

MGH (alt) → **TBB**
MGN (alt) → **SM**

MH Mülheim (Ruhr) **A5**
Kreisfreie Stadt: Mülheim
Bundesland: Nordrhein-Westfalen
Zugelassene Pkw in 1000: 93,4
Sehenswürdigkeiten: Rathaus, Stadthalle, Wasserbahnhof mit Blumenuhr, Kloster Saarn, Petrikirche, Schloss Broich, Tersteegenhaus, Wassermuseum, Haus Ruhrnatur, RheinRuhrZentrum
www.muelheim-ruhr.de

MHL (alt) → **UH**

MI Minden-Lübbecke **C4**
Landkreis; Kreisstadt: Minden
Bundesland: Nordrhein-Westfalen
Zugelassene Pkw in 1000: 195,5

MIL Miltenberg **C6**
Landkreis; Kreisstadt: Miltenberg
Bundesland: Bayern
Zugelassene Pkw in 1000: 78,8

MK Märkischer Kreis **B5**
Landkreis; Kreisstadt: Lüdenscheid
Bundesland: Nordrhein-Westfalen
Zugelassene Pkw in 1000: 253,5

MKK Main-Kinzig-Kreis **C6**
Landkreis; Kreisstadt: Gelnhausen
Bundesland: Hessen
Zugelassene Pkw in 1000: 242,4

ML Mansfelder Land **D5**
Landkreis; Kreisstadt: Eisleben
Bundesland: Sachsen-Anhalt
Zugelassene Pkw in 1000: 57,5

MM Memmingen **C8**
Kreisfreie Stadt: Memmingen
Bundesland: Bayern
Zugelassene Pkw in 1000: 24,6

MN Unterallgäu **C8**
Landkreis; Kreisstadt: Mindelheim
Bundesland: Bayern
Zugelassene Pkw in 1000: 84,7

MO (alt) → **WES**
MOD (alt) → **OAL**

MOL Märkisch-Oderland **F3**
Landkreis; Kreisstadt: Seelow
Bundesland: Brandenburg
Zugelassene Pkw in 1000: 112,7

MON (alt) → **AC**

MOS Neckar-Odenwald-Kreis **C7**
Landkreis; Kreisstadt: Mosbach
Bundesland: Baden-Württemberg
Zugelassene Pkw in 1000: 88,1

MQ Merseburg-Querfurt **E5**
Landkreis; Kreisstadt: Merseburg
Bundesland: Sachsen-Anhalt
Zugelassene Pkw in 1000: 75,8

MR Marburg-Biedenkopf **C5**
Landkreis; Kreisstadt: Marburg
Bundesland: Hessen
Zugelassene Pkw in 1000: 138,7

MS Münster **B4**
Kreisfreie Stadt: Münster
Bundesland: Nordrhein-Westfalen
Zugelassene Pkw in 1000: 152,4
Sehenswürdigkeiten: Buddenturm, Historisches Krameramtshaus, Rathaus mit Friedenssaal, Prinzipalmarkt, Lambertikirche, Dom, Graphikmuseum Pablo Picasso, Westfälisches Pferdemuseum Hippomaxx
www.muenster.de

MSP Main-Spessart **C6**
Landkreis; Kreisstadt: Karlstadt
Bundesland: Bayern
Zugelassene Pkw in 1000: 81,6

MST Mecklenburg-Strelitz **E2**
Landkreis; Kreisstadt: Neustrelitz
Bundesland: Mecklenburg-Vorpommern
Zugelassene Pkw in 1000: 49,1

MT (alt) → **WW**

MTK Main-Taunus-Kreis **B6**
Landkreis; Kreisstadt: Hofheim
Bundesland: Hessen
Zugelassene Pkw in 1000: 147,4

MTL Muldentalkreis **E5**
Landkreis; Kreisstadt: Grimma
Bundesland: Sachsen
Zugelassene Pkw in 1000: 79,1

MÜ Mühldorf (Inn) **E8**
Landkreis; Kreisstadt: Mühldorf
Bundesland: Bayern
Zugelassene Pkw in 1000: 65,3

MÜB (alt) → **HO**
MÜL (alt) → **FR**
MÜN (alt) → **RT**

MÜR Müritz **E2**
Landkreis; Kreisstadt: Waren
Bundesland: Mecklenburg-Vorpommern
Zugelassene Pkw in 1000: 38,5

MW Mittweida **E5**
Landkreis; Kreisstadt: Mittweida
Bundesland: Sachsen
Zugelassene Pkw in 1000: 79,4

MY (alt) → **MYK**

MYK Mayen-Koblenz **E5**
Landkreis; Kreisstadt: Koblenz
(→ KO)
Bundesland: Rheinland-Pfalz
Zugelassene Pkw in 1000: 129,1

MZ Mainz-Bingen **B6**
Landkreis; Kreisstadt: Ingelheim
Kreisfreie Stadt: Mainz
Bundesland: Rheinland-Pfalz
Zugelassene Pkw in 1000: 223,8
Sehenswürdigkeiten: Dativius-Victor-Bogen, Fastnachtsbrunnen, Kurfürstliches Schloss, Staatstheater, Zitadelle, Mainzer Dom, Hallenkirche St. Stephan, Gutenberg-Museum, Römisch-Germanisches Zentralmuseum, Museum für Antike Schifffahrt
www.mainz.de

MZG Merzig-Wadern **A7**
Landkreis; Kreisstadt: Merzig a.d. Saar
Bundesland: Saarland
Zugelassene Pkw in 1000: 68,2

N Nürnberg **D7**
Kreisfreie Stadt: Nürnberg
Bundesland: Bayern
Zugelassene Pkw in 1000: 245,7
Sehenswürdigkeiten: Rathaus, Kaiserburg, Albrecht-Dürer-Haus, Weißer Turm, Frauenkirche, Handwerkerhof, Germanisches Nationalmuseum, Dokumenta-

tionszentrum, Kunsthalle, Spielzeugmuseum, Planetarium
www.nürnberg.de

NAB (alt) → **SAD**
NAI (alt) → **HO**
NAU (alt) → **HVL**

NB Neubrandenburg **E2**
Kreisfreie Stadt: Neubrandenburg
Bundesland: Mecklenburg-Vorpommern
Zugelassene Pkw in 1000: 34,6

ND Neuburg-Schrobenhausen **D8**
Landkreis; Kreisstadt: Neuburg a.d. Donau
Bundesland: Bayern
Zugelassene Pkw in 1000: 56,4

NDH Nordhausen **D5**
Landkreis; Kreisstadt: Nordhausen
Bundesland: Thüringen
Zugelassene Pkw in 1000: 52,7

NE Rhein-Kreis Neuss **A5**
Landkreis; Kreisstadt: Neuss
Bundesland: Nordrhein-Westfalen
Zugelassene Pkw in 1000: 261,1

NEA Neustadt (Aisch) **D7**
Landkreis: Neustadt a.d. Aisch-Bad Windsheim; Kreisstadt: Bad Neustadt
Bundesland: Bayern
Zugelassene Pkw in 1000: 61,4

NEB (alt) → **BLK**
NEC (alt) → **CO**
NEN (alt) → **SAD**

NES Röhn-Grabfeld **D6**
Landkreis; Kreisstadt: Neustadt a.d. Saale
Bundesland: Bayern
Zugelassene Pkw in 1000: 51,9

NEU (alt) → **FR**

NEW Neustadt (Waldnaab) **E7**
Landkreis; Kreisstadt: Neustadt a.d. Waldnaab
Bundesland: Bayern
Zugelassene Pkw in 1000: 62,2

NF Nordfriesland **C1**
Landkreis; Kreisstadt: Husum
Bundesland: Schleswig-Holstein
Zugelassene Pkw in 1000: 99,5

NH (alt) → **SON**

NI Nienburg (Weser) **C3**
Landkreis; Kreisstadt: Nienburg
Bundesland: Niedersachsen
Zugelassene Pkw in 1000: 74,5

NIB (alt) → **NF**

NK Neunkirchen (Saar) **B7**
Landkreis; Kreisstadt: Ottweiler
Bundesland: Saarland
Zugelassene Pkw in 1000: 88,3

NM Neumarkt (Oberpfalz) **D7**
Landkreis; Kreisstadt: Neumarkt i.d. Oberpfalz
Bundesland: Bayern
Zugelassene Pkw in 1000: 77,1

NMB (alt) → **BLK**

NMS Neumünster **C2**
Kreisfreie Stadt: Neumünster
Bundesland: Schleswig-Holstein
Zugelassene Pkw in 1000: 41,4

NÖ (alt) → **DON**

NOH Nordhorn **B3**
Landkreis: Grafschaft Bentheim; Kreisstadt: Nordhorn
Bundesland: Niedersachsen
Zugelassene Pkw in 1000: 74,6

NOL Niederschlesischer Oberlausitzkreis **F5**
Landkreis; Kreisstadt: Niesky
Bundesland: Sachsen
Zugelassene Pkw in 1000: 58,9

NOM Northeim **C4**
Landkreis; Kreisstadt: Northeim
Bundesland: Niedersachsen
Zugelassene Pkw in 1000: 89,2

NOR (alt) → **AUR**
NP (alt) → **OPR**

NR Neuwied (Rhein) **B6**
Landkreis; Kreisstadt: Neuwied
Bundesland: Rheinland-Pfalz
Zugelassene Pkw in 1000: 113,2

NRÜ (alt) → **H**
NT (alt) → **ES**

NU Neu-Ulm **C8**
Landkreis; Kreisstadt: Neu-Ulm
Bundesland: Bayern
Zugelassene Pkw in 1000: 99,0

NVP Nordvorpommern **E2**
Landkreis; Kreisstadt: Grimmen
Bundesland: Mecklenburg-Vorpommern
Zugelassene Pkw in 1000: 65,0

NW Neustadt (Weinstraße) **B7**
Kreisfreie Stadt: Neustadt a.d. Weinstraße
Bundesland: Rheinland-Pfalz
Zugelassene Pkw in 1000: 32,1

NWM Nordwestmecklenburg **D2**
Landkreis; Kreisstadt: Grevesmühlen
Bundesland: Mecklenburg-Vorpommern
Zugelassene Pkw in 1000: 69,9

NY (alt) → **NOL**
NZ (alt) → **MST**

OA Oberallgäu **C9**
Landkreis; Kreisstadt: Sonthofen
Bundesland: Bayern
Zugelassene Pkw in 1000: 91,7

OAL Ostallgäu **D9**
Landkreis; Kreisstadt: Marktoberdorf
Bundesland: Bayern
Zugelassene Pkw in 1000: 79,9

OB Oberhausen **A5**
Kreisfreie Stadt: Oberhausen
Bundesland: Nordrhein-Westfalen
Zugelassene Pkw in 1000: 109,8
Sehenswürdigkeiten: Altmarkt, Burg Vondern, Rathaus, Schloss Oberhausen mit Ludwig-Galerie, Deutsche Hörfunkakademie, Gasometer
www.oberhausen.de

OBB (alt) → **MIL**

OBG (alt) → **SDL**
OC (alt) → **BÖ**
OCH (alt) → **WÜ**

OD Stormarn **C2**
Landkreis; Kreisstadt: Bad Oldesloe
Bundesland: Schleswig-Holstein
Zugelassene Pkw in 1000: 138,3

OE Olpe **B5**
Landkreis; Kreisstadt: Olpe
Bundesland: Nordrhein-Westfalen
Zugelassene Pkw in 1000: 82,7

ÖHR (alt) → **KÜN**

OF Offenbach (Main) **C6**
Landkreis; Kreisstadt: Dietzenbach
Kreisfreie Stadt: Offenbach
Bundesland: Hessen
Zugelassene Pkw in 1000: 261,2

OG Ortenaukreis **B8**
Landkreis; Kreisstadt: Offenburg
Bundesland: Baden-Württemberg
Zugelassene Pkw in 1000: 248,2

OH Ostholstein **D2**
Landkreis; Kreisstadt: Eutin
Bundesland: Schleswig-Holstein
Zugelassene Pkw in 1000: 120,4

OHA Osterode (Harz) D4
Landkreis; Kreisstadt: Osterode
Bundesland: Niedersachsen
Zugelassene Pkw in 1000: 49,9

OHV Oberhavel E3
Landkreis; Kreisstadt: Oranienburg
Bundesland: Brandenburg
Zugelassene Pkw in 1000: 113,4

OHZ Osterholz C2
Landkreis; Kreisstadt: Osterholz-Scharmbeck
Bundesland: Niedersachsen
Zugelassene Pkw in 1000: 68,1

OK Ohrekreis D4
Landkreis; Kreisstadt: Haldensleben
Bundesland: Sachsen-Anhalt
Zugelassene Pkw in 1000: 72,2

OL Oldenburg B3
Landkreis; Kreisstadt: Wildeshausen
Kreisfreie Stadt: Oldenburg
Bundesland: Niedersachsen
Zugelassene Pkw in 1000: 157,8
Sehenswürdigkeiten: Altes Rathaus, Zwinger, Pulverturm, Staatstheater, Schloss, Lambertikirche, Synagoge, Augusteum, Horst-Janssen-Museum, Fernmeldeamt
www.oldenburg.de

OLD (alt) → OH
OP (alt) → GL

OPR Ostprignitz-Ruppin E3
Landkreis; Kreisstadt: Neuruppin
Bundesland: Brandenburg
Zugelassene Pkw in 1000: 62,7

OR (alt) → OHV

OS Osnabrück B4
Landkreis/Kreisfreie Stadt: Osnabrück
Bundesland: Niedersachsen
Zugelassene Pkw in 1000: 290,9
Sehenswürdigkeiten: Rathaus und Stadtwaage, Bucksturm, Steinwerk, Felix-Nussbaum-Haus, Hirschapotheke, Heger Tor, Ledenhof, Dom St. Peter, Pfarr- und Marktkirche St.-Marien, St.-Katharinen-Kirche, Museum Industriekultur, Erich-Maria-Remarque-Friedenszentrum
www.osnabrueck.de

OSL Oberspreewald-Lausitz F5
Landkreis; Kreisstadt: Senftenberg
Bundesland: Brandenburg
Zugelassene Pkw in 1000: 76,2

OTT (alt) → CUX

OTW (alt) → **NK**
OVI (alt) → **SAD**
OVL (alt) → **V**

OVP Ostvorpommern **F2**
Landkreis; Kreisstadt: Anklam
Bundesland: Mecklenburg-Vorpommern
Zugelassene Pkw in 1000: 61,9

OZ (alt) → **TO**

P Potsdam **E3**
Kreisfreie Stadt: Potsdam
Bundesland: Brandenburg
Zugelassene Pkw in 1000: 67,7

PA Passau **F8**
Landkreis/Kreisfreie Stadt: Passau
Bundesland: Bayern
Zugelassene Pkw in 1000: 144,5

PAF Pfaffenhofen (Ilm) **D8**
Landkreis; Kreisstadt: Pfaffenhofen
Bundesland: Bayern
Zugelassene Pkw in 1000: 71,9

PAN Rottal-Inn **E8**
Landkreis; Kreisstadt: Pfarrkirchen
Bundesland: Bayern
Zugelassene Pkw in 1000: 74,9

PAR (alt) → **NM**

PB Paderborn **C4**
Landkreis; Kreisstadt: Paderborn
Bundesland: Nordrhein-Westfalen
Zugelassene Pkw in 1000: 165,6

PCH Parchim **D2**
Landkreis; Kreisstadt: Parchim
Bundesland: Mecklenburg-Vorpommern
Zugelassene Pkw in 1000: 60,2

PE Peine **D4**
Landkreis; Kreisstadt: Peine
Bundesland: Niedersachsen
Zugelassene Pkw in 1000: 80,1

PEG (alt) → **BT**
PER (alt) → **PR**

PF Pforzheim **B8**
Landkreis: Enzkreis; Kreisstadt: Pforzheim
Kreisfreie Stadt: Pforzheim
Bundesland: Baden-Württemberg
Zugelassene Pkw in 1000: 178,2

PI Pinneberg **C2**
Landkreis; Kreisstadt: Pinneberg
Bundesland: Schleswig-Holstein
Zugelassene Pkw in 1000: 166,0

PIR Sächsische Schweiz **F5**
Landkreis; Kreisstadt: Pirna

Bundesland: Sachsen
Zugelassene Pkw in 1000: 79,0

PK (alt) → **PR**

PL Plauen **E6**
Kreisfreie Stadt: Plauen
Bundesland: Sachsen
Zugelassene Pkw in 1000: 37,4

PLÖ Plön **C2**
Landkreis; Kreisstadt: Plön
Bundesland: Schleswig-Holstein
Zugelassene Pkw in 1000: 76,3

PM Potsdam-Mittelmark **E4**
Landkreis; Kreisstadt: Belzig
Bundesland: Brandenburg
Zugelassene Pkw in 1000: 120,6

PN (alt) → **SOK**

PR Prignitz **D3**
Landkreis; Kreisstadt: Perleberg
Bundesland: Brandenburg
Zugelassene Pkw in 1000: 50,0

PRÜ (alt) → **BIT**

PS Pirmasens **B7**
Landkreis: Südwestpfalz; Kreisstadt: Pirmasens
Kreisfreie Stadt: Pirmasens
Bundesland: Rheinland-Pfalz
Zugelassene Pkw in 1000: 91,5

PW (alt) → **UER**
PZ (alt) → **UM**
QFT (alt) → **MQ**

QLB Quedlinburg **D4**
Landkreis; Kreisstadt: Quedlinburg
Bundesland: Sachsen-Anhalt
Zugelassene Pkw in 1000: 37,8

R Regensburg **E7**
Landkreis/Kreisfreie Stadt: Regensburg
Bundesland: Bayern
Zugelassene Pkw in 1000: 188,3

RA Rastatt **B8**
Landkreis; Kreisstadt: Rastatt
Bundesland: Baden-Württemberg
Zugelassene Pkw in 1000: 143,6

RC (alt) → **V**

RD Rendsburg-Eckernförde **C1**
Landkreis; Kreisstadt: Rendsburg
Bundesland: Schleswig-Holstein
Zugelassene Pkw in 1000: 164,2

RDG (alt) → **NVP**

RE Recklinghausen **B4**
Landkreis; Kreisstadt: Recklinghausen
Bundesland: Nordrhein-Westfalen
Zugelassene Pkw in 1000: 341,1

REG Regen **E7**
Landkreis; Kreisstadt: Regen
Bundesland: Bayern
Zugelassene Pkw in 1000: 47,8

REH (alt) → **HO**
REI (alt) → **BGL**

RG Riesa-Großenhain **E5**
Landkreis; Kreisstadt: Großenhain
Bundesland: Sachsen
Zugelassene Pkw in 1000: 64,3

RH Roth **D7**
Landkreis; Kreisstadt: Roth
Bundesland: Bayern
Zugelassene Pkw in 1000: 79,3

RI (alt) → **SHG**
RID (alt) → **KEH**
RIE (alt) → **RG**
RL (alt) → **MW**
RM (alt) → **MÜR**
RN (alt) → **HVL**

RO Rosenheim **E9**
Landkreis/Kreisfreie Stadt: Rosenheim
Bundesland: Bayern
Zugelassene Pkw in 1000: 183,7

ROD (alt) → **CHA**

ROF (alt) → **HEF**
ROK (alt) → **KIB**
ROL (alt) → **LA**
ROS (alt) → **DBR**
ROT (alt) → **AN**

ROW Rotenburg (Wümme) **C3**
Landkreis; Kreisstadt: Rotenburg
Bundesland: Niedersachsen
Zugelassene Pkw in 1000: 101,1

RP Rhein-Pfalz-Kreis **B7**
Landkreis; Kreisstadt: Ludwigshafen (→ LU)
Bundesland: Rheinland-Pfalz
Zugelassene Pkw in 1000: 92,8

RS Remscheid **B5**
Kreisfreie Stadt: Remscheid
Bundesland: Nordrhein-Westfalen
Zugelassene Pkw in 1000: 62,9

RSL (alt) → **AZE**

RT Reutlingen **C8**
Landkreis; Kreisstadt: Reutlingen
Bundesland: Baden-Württemberg
Zugelassene Pkw in 1000: 167,1

RU (alt) → SLF

RÜD Rheingau-Taunus-Kreis B6
Landkreis; Kreisstadt: Bad Schwalbach
Bundesland: Hessen
Zugelassene Pkw in 1000: 118,1

RÜG Rügen E1
Landkreis; Kreisstadt: Bergen
Bundesland: Mecklenburg-Vorpommern
Zugelassene Pkw in 1000: 37,7

RV Ravensburg C9
Landkreis; Kreisstadt: Ravensburg
Bundesland: Baden-Württemberg
Zugelassene Pkw in 1000: 159,8

RW Rottweil B8
Landkreis; Kreisstadt: Rottweil
Bundesland: Baden-Württemberg
Zugelassene Pkw in 1000: 87,7

RY (alt) → MG

RZ Herzogtum Lauenburg D2
Landkreis; Kreisstadt: Ratzeburg
Bundesland: Schleswig-Holstein
Zugelassene Pkw in 1000: 107,9

S Stuttgart C8
Kreisfreie Stadt: Stuttgart
Bundesland: Baden-Württemberg
Zugelassene Pkw in 1000: 314,4
Sehenswürdigkeiten: Altes und Neues Schloss, Hegelhaus, Staatstheater, Stiftskirche, Leonhardskirche, Domkirche St. Eberhard, Alte und Neue Staatsgalerie, Mercedes-Benz-Museum, Feuerwehrmuseum, Funkturm, Rosensteinpark, Königsbau
www.stuttgart.de

SAB (alt) → TR

SAD Schwandorf E7
Landkreis; Kreisstadt: Schwandorf
Bundesland: Bayern
Zugelassene Pkw in 1000: 90,6

SÄK (alt) → WT
SAN (alt) → KU

SAW Altmarkkreis Salzwedel D3
Landkreis; Kreisstadt: Salzwedel
Bundesland: Sachsen-Anhalt
Zugelassene Pkw in 1000: 57,0

SB Saarbrücken A7
Landkreis: Stadtverband Saarbrücken; Kreisstadt: Saarbrücken
Bundesland: Saarland
Zugelassene Pkw in 1000: 199,9
Sehenswürdigkeiten: Rathaus

und Altes Rathaus, Alte Brücke, Saarländisches Staatstheater, Schloss Saarbrücken, Basilika St. Johann, Schlosskirche, Ludwigskirche, Congresshalle, Abenteuer-Museum, Arzneipflanzenmuseum, Moderne Galerie, Stadtgalerie, Saarlandmuseum, Deutsch-Französischer Garten, Bürgerpark, Saarkran
www.saarbruecken.de

SBG (alt) → **UER**

SBK Schönebeck **D4**
Landkreis; Kreisstadt: Schönebeck
Bundesland: Sachsen-Anhalt
Zugelassene Pkw in 1000: 37,0

SC Schwabach **D7**
Kreisfreie Stadt: Schwabach
Bundesland: Bayern
Zugelassene Pkw in 1000: 24,7

SCZ (alt) → **SOK**
SDH (alt) → **KYF**

SDL Stendal **D3**
Landkreis; Kreisstadt: Stendal
Bundesland: Sachsen-Anhalt
Zugelassene Pkw in 1000: 71,4

SDT (alt) → **UM**

SE Segeberg **C2**
Landkreis; Kreisstadt: Bad Segeberg
Bundesland: Schleswig-Holstein
Zugelassene Pkw in 1000: 159,1

SEB (alt) → **PIR**
SEE (alt) → **MOL**
SEF (alt) → **NEA**
SEL (alt) → **WUN**
SF (alt) → **OA**

SFA Soltau-Fallingbostel **C3**
Landkreis; Kreisstadt: Bad Fallingbostel
Bundesland: Niedersachsen
Zugelassene Pkw in 1000: 84,1

SFB (alt) → **OSL**
SFT (alt) → **ASL**

SG Solingen **A5**
Kreisfreie Stadt: Solingen
Bundesland: Nordrhein-Westfalen
Zugelassene Pkw in 1000: 89,1
Sehenswürdigkeiten: Müngstener Brücke, historischer Marktplatz Gräfrath, Schloss Burg mit Bergischem Museum, St. Clemenskirche, Walder Kirche, Klingenmuseum, Laurel & Hardy-Museum, Wipperkotten, Sternwarte Solingen
www.solingen.de

SGH Sangerhausen **D5**
Landkreis; Kreisstadt: Sangerhausen
Bundesland: Sachsen-Anhalt
Zugelassene Pkw in 1000: 35,9

SHA Schwäbisch Hall **C7**
Landkreis; Kreisstadt: Schwäbisch Hall
Bundesland: Baden-Württemberg
Zugelassene Pkw in 1000: 114,4

SHG Schaumburg **C4**
Landkreis; Kreisstadt: Stadthagen
Bundesland: Niedersachsen
Zugelassene Pkw in 1000: 100,0

SHK Saale-Holzland-Kreis **E5**
Landkreis; Kreisstadt: Eisenberg
Bundesland: Thüringen
Zugelassene Pkw in 1000: 54,5

SHL Suhl **D5**
Kreisfreie Stadt: Suhl
Bundesland: Thüringen
Zugelassene Pkw in 1000: 24,1

SI Siegen-Wittgenstein **B5**
Landkreis Siegen-Wittgenstein; Kreisstadt: Siegen
Bundesland: Nordrhein-Westfalen
Zugelassene Pkw in 1000: 171,5

SIG Sigmaringen **C8**
Landkreis; Kreisstadt: Sigmaringen
Bundesland: Baden-Württemberg
Zugelassene Pkw in 1000: 78,9

SIM Rhein-Hunsrück-Kreis **B6**
Landkreis; Kreisstadt: Simmern
Bundesland: Rheinland-Pfalz
Zugelassene Pkw in 1000: 66,9

SK Saalkreis **E5**
Landkreis; Kreisstadt: Halle (→ HAL)
Bundesland: Sachsen-Anhalt
Zugelassene Pkw in 1000: 48,8

SL Schleswig-Flensburg **C1**
Landkreis; Kreisstadt: Schleswig
Bundesland: Schleswig-Holstein
Zugelassene Pkw in 1000: 119,4

SLE (alt) → **EU**

SLF Saalfeld-Rudolstadt **D5**
Landkreis; Kreisstadt: Saalfeld
Bundesland: Thüringen
Zugelassene Pkw in 1000: 70,5

SLG (alt) → **SIG**
SLN (alt) → **ABG**

SLS Saarlouis **A7**
Landkreis; Kreisstadt: Saarlouis

Bundesland: Saarland
Zugelassene Pkw in 1000: 130,4

SLÜ (alt) → **HU**
SLZ (alt) → **WAK**

SM Schmalkalden-Meiningen **D6**
Landkreis; Kreisstadt: Meiningen
Bundesland: Thüringen
Zugelassene Pkw in 1000: 82,9

SMÜ (alt) → **A**

SN Schwerin **D2**
Kreisfreie Stadt: Schwerin
Bundesland: Mecklenburg-Vorpommern
Zugelassene Pkw in 1000: 43,6

SNH (alt) → **HD**

SO Soest **B4**
Landkreis; Kreisstadt: Soest
Bundesland: Nordrhein-Westfalen
Zugelassene Pkw in 1000: 176,8

SOB (alt) → **ND**

SÖM Sömmerda **D5**
Landkreis; Kreisstadt: Sömmerda
Bundesland: Thüringen
Zugelassene Pkw in 1000: 43,5

SOG (alt) → **WM**

SOK Saale-Orla-Kreis **E6**
Landkreis; Kreisstadt: Schleiz
Bundesland: Thüringen
Zugelassene Pkw in 1000: 58,2

SOL (alt) → **SFA**

SON Sonneberg **D6**
Landkreis; Kreisstadt: Sonneberg
Bundesland: Thüringen
Zugelassene Pkw in 1000: 38,4

SP Speyer **B7**
Kreisfreie Stadt: Speyer
Bundesland: Rheinland-Pfalz
Zugelassene Pkw in 1000: 28,4

SPB (alt) → **SPN**

SPN Spree-Neiße-Kreis **F4**
Landkreis; Kreisstadt: Forst (Lausitz)
Bundesland: Brandenburg
Zugelassene Pkw in 1000: 83,4

SPR (alt) → **H**

SR Straubing-Bogen **E8**
Landkreis; Kreisstadt: Straubing
Bundesland: Bayern
Zugelassene Pkw in 1000: 86,4

SRB (alt) → **MOL**
SRO (alt) → **SHK**

ST Steinfurt **B4**
Landkreis; Kreisstadt: Steinfurt
Bundesland: Nordrhein-Westfalen
Zugelassene Pkw in 1000: 248,6

STA Starnberg **D8**
Landkreis; Kreisstadt: Starnberg
Bundesland: Bayern
Zugelassene Pkw in 1000: 82,8

STB (alt) → **PCH**

STD Stade **C2**
Landkreis; Kreisstadt: Stade
Bundesland: Niedersachsen
Zugelassene Pkw in 1000: 115,8

STE (alt) → **LIF**
STH (alt) → **SHG**

STL Stollberg **E5**
Landkreis; Kreisstadt: Stollberg
Bundesland: Sachsen
Zugelassene Pkw in 1000: 52,9

STO (alt) → **KN**

SU Rhein-Sieg-Kreis **B5**
Landkreis; Kreisstadt: Siegburg
Bundesland: Nordrhein-Westfalen
Zugelassene Pkw in 1000: 337,0

SÜW Südliche Weinstraße **B7**
Landkreis; Kreisstadt: Landau i.d. Pfalz (→ LD)
Bundesland: Rheinland-Pfalz
Zugelassene Pkw in 1000: 70,6

SUL (alt) → **AS**

SW Schweinfurt **D6**
Landkreis/Kreisfreie Stadt: Schweinfurt
Bundesland: Bayern
Zugelassene Pkw in 1000: 100,4

SWA (alt) → **RÜD**
SY (alt) → **DH**

SZ Salzgitter **D4**
Kreisfreie Stadt: Salzgitter
Bundesland: Niedersachsen
Zugelassene Pkw in 1000: 56,2

SZB (alt) → **ASZ**

TBB Main-Tauber-Kreis **C7**
Landkreis; Kreisstadt: Tauberbischofsheim
Bundesland: Baden-Württemberg
Zugelassene Pkw in 1000: 83,9

TE (alt) → **ST**
TET (alt) → **GU**

TF Teltow-Fläming **E4**
Landkreis; Kreisstadt: Luckenwalde
Bundesland: Brandenburg
Zugelassene Pkw in 1000: 95,5

TG (alt) → **TO**

TIR Tirschenreuth **E6**
Landkreis; Kreisstadt: Tirschenreuth
Bundesland: Bayern
Zugelassene Pkw in 1000: 48,6

TO Torgau-Oschatz **E5**
Landkreis; Kreisstadt: Torgau
Bundesland: Sachsen
Zugelassene Pkw in 1000: 57,3

TÖL Bad Tölz-Wolfratshausen **D9**
Landkreis; Kreisstadt: Bad Tölz
Bundesland: Bayern
Zugelassene Pkw in 1000: 73,6

TÖN (alt) → **NF**
TP (alt) → **UM**

TR Trier-Saarburg **A6**
Landkreis; Kreisstadt: Trier
Kreisfreie Stadt: Trier
Bundesland: Rheinland-Pfalz
Zugelassene Pkw in 1000: 137,1

TS Traunstein **E9**
Landkreis; Kreisstadt: Traunstein
Bundesland: Bayern
Zugelassene Pkw in 1000: 104,7

TT (alt) → **FN**

TÜ Tübingen **C8**
Landkreis; Kreisstadt: Tübingen
Bundesland: Baden-Württemberg
Zugelassene Pkw in 1000: 115,6

TUT Tuttlingen **C8**
Landkreis; Kreisstadt: Tuttlingen
Bundesland: Baden-Württemberg
Zugelassene Pkw in 1000: 80,7

UE Uelzen **D3**
Landkreis; Kreisstadt: Uelzen
Bundesland: Niedersachsen
Zugelassene Pkw in 1000: 55,5

ÜB (alt) → **FN**
UEM (alt) → **UER**

UER Uecker-Randow **F2**
Landkreis; Kreisstadt: Pasewalk
Bundesland: Mecklenburg-Vorpommern
Zugelassene Pkw in 1000: 42,1

UFF (alt) → **NEA**

UH Unstrut-Hainich-Kreis **D5**
Landkreis; Kreisstadt: Mühlhausen
Bundesland: Thüringen
Zugelassene Pkw in 1000: 59,8

UL Ulm **C8**
Landkreis: Alb-Donau-Kreis;
Kreisstadt: Ulm
Kreisfreie Stadt: Ulm
Bundesland: Baden-Württemberg
Zugelassene Pkw in 1000: 178,8

UM Uckermark **F2**
Landkreis; Kreisstadt: Prenzlau
Bundesland: Brandenburg
Zugelassene Pkw in 1000: 78,0

UN Unna **B5**
Landkreis; Kreisstadt: Unna
Bundesland: Nordrhein-Westfalen
Zugelassene Pkw in 1000: 229,3

USI (alt) → **HG**

V Vogtlandkreis **E6**
Landkreis; Kreisstadt: Plauen
(→ PL)
Bundesland: Sachsen
Zugelassene Pkw in 1000: 117,5

VAI (alt) → **LB**

VB Vogelsbergkreis **C5**
Landkreis; Kreisstadt: Lauterbach
Bundesland: Hessen
Zugelassene Pkw in 1000: 73,2

VEC Vechta **B3**
Landkreis; Kreisstadt: Vechta
Bundesland: Niedersachsen
Zugelassene Pkw in 1000: 73,5

VER Verden (Aller) **C3**
Landkreis; Kreisstadt: Verden
Bundesland: Niedersachsen
Zugelassene Pkw in 1000: 82,0

VIB (alt) → **LA**

VIE Viersen **A5**
Landkreis; Kreisstadt: Viersen
Bundesland: Nordrhein-Westfalen
Zugelassene Pkw in 1000: 177,9

VIT (alt) → **REG**

VK Völklingen **A7**
Stadt: Völklingen (Saarbrücken)
Bundesland: Saarland
Zugelassene Pkw in 1000: 19,9

VL (alt) → **VS**
VOF (alt) → **PA**
VOH (alt) → **NEW**

VS Schwarzwald-Baar-Kreis **B8**
Landkreis; Kreisstadt: Villingen-

Schwenningen
Bundesland: Baden-Württemberg
Zugelassene Pkw in 1000: 126,1

W Wuppertal **B5**
Kreisfreie Stadt: Wuppertal
Bundesland: Nordrhein-Westfalen
Zugelassene Pkw in 1000: 181,5
Sehenswürdigkeiten: Briller Viertel, Laurentiuskirche, Straßenbahnmuseum, Von-der-Heydt-Museum, Uhrenmuseum, Schwebebahn, Schwimmoper (Hallenbad), Botanischer Garten, Zoo
www.wuppertal.de

WA (alt) → **KB**

WAF Warendorf **B4**
Landkreis; Kreisstadt: Warendorf
Bundesland: Nordrhein-Westfalen
Zugelassene Pkw in 1000: 159,5

WAK Wartburgkreis **D5**
Landkreis; Kreisstadt: Bad Salzungen
Bundesland: Thüringen
Zugelassene Pkw in 1000: 83,1

WAN (alt) → **HER**
WAR (alt) → **HX**
WAT (alt) → **BO**

WB Wittenberg **E4**
Landkreis; Kreisstadt: Wittenberg
Bundesland: Sachsen-Anhalt
Zugelassene Pkw in 1000: 70,5

WBS (alt) → **EIC**
WD (alt) → **GT**
WDA (alt) → **Z**

WE Weimar **D5**
Kreisfreie Stadt: Weimar
Bundesland: Thüringen
Zugelassene Pkw in 1000: 28,9

WEB (alt) → **WW**
WEG (alt) → **PA**
WEL (alt) → **LM**
WEM (alt) → **CUX**

WEN Weiden (Oberpfalz) **E7**
Kreisfreie Stadt: Weiden
Bundesland: Bayern
Zugelassene Pkw in 1000: 27,5

WER (alt) → **DLG**

WES Wesel **A4**
Landkreis; Kreisstadt: Wesel
Bundesland: Nordrhein-Westfalen
Zugelassene Pkw in 1000: 274,2

WF Wolfenbüttel **D4**
Landkreis; Kreisstadt: Wolfenbüttel
Bundesland: Niedersachsen
Zugelassene Pkw in 1000: 74,7

WG (alt) → **RV**

WHV Wilhelmshaven **B2**
Kreisfreie Stadt: Wilhelmshaven
Bundesland: Niedersachsen
Zugelassene Pkw in 1000: 41,5

WI Wiesbaden **B6**
Kreisfreie Stadt: Wiesbaden
Bundesland: Hessen
Zugelassene Pkw in 1000: 186,0
Sehenswürdigkeiten: Historisches Fünfeck – Schloßplatz, Schloss Biebrich, Fiedrichswerdersche Kirche, Marktkirche mit Marktsäule, Russische Kirche, Kurhaus mit Spielbank, Kurpark, Kaiser-Friedrich-Bad, Schiersteiner Hafen
www.wiesbaden.de

WIL Bernkastel-Wittlich **A6**
Landkreis; Kreisstadt: Wittlich
Bundesland: Rheinland-Pfalz
Zugelassene Pkw in 1000: 71,7

WIS (alt) → **NWM**
WIT (alt) → **EN**
WIZ (alt) → **ESW**
WK (alt) → **OPR**

WL Harburg **C2**
Landkreis; Kreisstadt: Winsen
Bundesland: Niedersachsen
Zugelassene Pkw in 1000: 152,7

WLG (alt) → **OVP**

WM Weilheim-Schongau **D9**
Landkreis; Kreisstadt: Weilheim
Bundesland: Bayern
Zugelassene Pkw in 1000: 79,2

WMS (alt) → **OK**

WN Rems-Murr-Kreis **C8**
Landkreis; Kreisstadt: Waiblingen
Bundesland: Baden-Württemberg
Zugelassene Pkw in 1000: 249,4

WND St. Wendel **B7**
Landkreis; Kreisstadt: St. Wendel
Bundesland: Saarland
Zugelassene Pkw in 1000: 59,9

WO Worms **B7**
Kreisfreie Stadt: Worms
Bundesland: Rheinland-Pfalz
Zugelassene Pkw in 1000: 43,4

WOB Wolfsburg **D3**
Kreisfreie Stadt: Wolfsburg
Bundesland: Niedersachsen
Zugelassene Pkw in 1000: 121,9

WOH (alt) → **KS**
WOL (alt) → **OG**
WOR (alt) → **TÖL**
WOS (alt) → **FRG**

WR Wernigerode **D4**
Landkreis; Kreisstadt: Wernigerode
Bundesland: Sachsen-Anhalt
Zugelassene Pkw in 1000: 51,4

WRN (alt) → **MÜR**
WS (alt) → **RO**

WSF Weißenfels **E5**
Landkreis; Kreisstadt: Weißenfels
Bundesland: Sachsen-Anhalt
Zugelassene Pkw in 1000: 41,0

WST Ammerland **B2**
Landkreis; Kreisstadt: Westerstede
Bundesland: Niedersachsen
Zugelassene Pkw in 1000: 69,4

WSW (alt) → **NOL**

WT Waldshut **B9**
Landkreis; Kreisstadt: Waldshut-Tiengen
Bundesland: Baden-Württemberg
Zugelassene Pkw in 1000: 99,9

WTL (alt) → **OS**

WTM Wittmund **B2**
Landkreis; Kreisstadt: Wittmund
Bundesland: Niedersachsen
Zugelassene Pkw in 1000: 33,0

WÜ Würzburg **C7**
Landkreis/Kreisfreie Stadt: Würzburg
Bundesland: Bayern
Zugelassene Pkw in 1000: 162,2

WÜM (alt) → **CHA**

WUG Weißenburg-Gunzenhausen **D7**
Landkreis; Kreisstadt: Weißenburg
Bundesland: Bayern
Zugelassene Pkw in 1000: 58,5

WUN Wunsiedel (Fichtelgebirge) **E6**
Landkreis; Kreisstadt: Wunsiedel
Bundesland: Bayern
Zugelassene Pkw in 1000: 50,7

WUR (alt) → **MTL**

WW Westerwaldkreis **B6**
Landkreis; Kreisstadt: Montabaur
Bundesland: Rheinland-Pfalz
Zugelassene Pkw in 1000: 127,6

WZ (alt) → **LDK**
WZL (alt) → **BÖ**

Z Zwickau **E5**
Landkreis: Zwickauer Land; Kreisstadt: Werdau

Kreisfreie Stadt: Zwickau
Bundesland: Sachsen
Zugelassene Pkw in 1000: 126,2

ZE (alt) → **AZE**
ZEL (alt) → **COC**

ZI Löbau-Zittau F5

Landkreis; Kreisstadt: Zittau
Bundesland: Sachsen
Zugelassene Pkw in 1000: 83,0

ZIG (alt) → **HR**
ZP (alt) → **MEK**
ZR (alt) → **GRZ**
ZS (alt) → **TF**

ZW Zweibrücken B7

Kreisfreie Stadt: Zweibrücken
Bundesland: Rheinland-Pfalz
Zugelassene Pkw in 1000: 21,8

ZZ (alt) → **BLK**

Autokennzeichen in Österreich (A)

Österreichische Kennzeichen weisen links vor dem Wappen des jeweiligen Bundeslandes einen Buchstabenblock auf, der den Zulassungsbezirk des Wagens angibt. Er besteht – je nach Größe des Ortes – aus ein bis zwei Lettern; die Buchstaben sind Abkürzungen der Herkunftsorte. Darauf folgt eine Zahlen- und Buchstabenkombination, das sogenannte „Vormerkzeichen". Es ist vier- bis fünfstellig – in Landeshauptstädten und in Wien fünf- bis sechsstellig. Bei Standardkennzeichen muss das Vormerkzeichen mit einem Buchstaben beginnen und mit einer Ziffer enden; bei Wunschkennzeichen (z. B. L - HARRY 5) muss am Ende eine Ziffer stehen.

Sonderkennzeichen:

Bei Sonderkennzeichen folgen nach dem Buchstabenblock und dem Wappen lediglich Zahlen, z. B. A-1.
A: Bundespräsident, Nationalratspräsident, Bundeskanzler, Minister, Gerichtshofpräsident, etc.
B: Dienstfahrzeuge der Landesregierung Burgenland
K: Dienstfahrzeuge der Landesregierung Kärnten

N: Dienstfahrzeuge der Landesregierung Niederösterreich
O: Dienstfahrzeuge der Landesregierung Oberösterreich
S: Dienstfahrzeuge der Landesregierung Salzburg
ST: Dienstfahrzeuge der Landesregierung Steiermark
T: Dienstfahrzeuge der Landesregierung Tirol
V: Dienstfahrzeuge der Landesregierung Vorarlberg
W: Dienstfahrzeuge der Landesregierung Wien
BD: Kraftfahrlinienverkehr Bundesbus
BH: Bundesministerium für Landesverteidigung
BP: Bundespolizei
FV: Finanzverwaltung
JW: Justizwache
PT: Post- und Telegraphenverwaltung

Ausländische Vertretungen erhalten nach dem Buchstaben des jeweiligen Bundeslandes ein **D** für Diplomaten oder ein **K** für Konsuln (z. B. KK für den Konsul in Klagenfurt im Bundesland Kärnten). In einzelnen Städten und Bundesländern werden spezielle Fahrzeuggruppen durch die beiden Endbuchstaben bestimmten Dienstbereichen oder Funktionen zugeordnet, z. B.:

FW: Feuerwehr
MW: Mietwagen
TX: Taxi

Alphabetische Auflistung österreichischer Kennzeichen

AM Amstetten
B Bregenz
BA Bad Aussee
BL Bruck (Leitha)
BM Bruck (Mur)
BN Baden
BR Braunau (Inn)
BZ Bludenz
DL Deutschlandsberg

DO Dornbirn
Bundesland: Vorarlberg
Zugelassene Pkw in 1000: 39,0
Sehenswürdigkeiten: Marktplatz mit Rotem Haus und St-Martinskirche, Pfarrkirche St. Leopold, Rolls-Royce-Museum, Krippenmuseum, Naturmuseum inatura, Stadtpark Dornbirn, Bergdorf Ebnit, Karren (Hausberg), Rappenlochschlucht mit Staufensee
www.dornbirn.at

E Eisenstadt
EF Eferding
EU Eisenstadt-Umgebung
FB Feldbach
FE Feldkirchen
FF Fürstenfeld
FK Feldkirch
FR Freistadt

G Graz
Bundesland: Steiermark
Zugelassene Pkw in 1000: 116,3
Sehenswürdigkeiten: Oper, Schloßberg mit Schloßbergbahn, Uhrturm, Domkirche St. Ägidius, Neue Galerie, Landeszeughaus, Schloss Eggenberg, Riegersburg
www.graz.at

GB Gröbming
GD Gmünd
GF Gänserndorf
GM Gmunden
GR Grieskirchen
GS Güssing
GU Graz-Umgebung
HA Hallein
HB Hartberg
HE Hermagor
HL Hollabrunn
HO Horn

I Innsbruck
Bundesland: Tirol
Zugelassene Pkw in 1000: 50,6
Sehenswürdigkeiten: Goldenes Dachl und Maximilianeum, Helblinghaus, Stadtturm, Kaiserliche Hofburg, Schloss Ambras, Riesenrundgemälde, Tiroler Landestheater, Dom zu St. Jakob, Hofkirche,

Museum im Zeughaus, Tiroler Landesmuseum Ferdinandeum
www.innsbruck.at

IL Innsbruck-Land
IM Imst
JE Jennersdorf
JO St. Johann (Pongau)
JU Judenburg

K Klagenfurt

Bundesland: Kärnten
Zugelassene Pkw in 1000: 51,9
Sehenswürdigkeiten: Altes Rathaus, Alter Platz, Stadtpfarrturm, Schloss Annabichl, Schloss Mageregg, Schloss Maria-Loretto, Klagenfurter Lindwurmbrunnen, Dom St. Peter und Paul, Stadtpfarrkirche, Museum Moderner Kunst, Kärntner Landesmuseum, Robert Musil Literaturmuseum, Virtuelles Schulmuseum, Botanischer Garten
www.klagenfurt.at

KB Kitzbühel
KF Knittelfeld
KI Kirchdorf (Krems)
KL Klagenfurt-Land
KO Korneuburg
KR Krems-Land
KS Krems (Donau)
KU Bezirk Kufstein

L Linz

Bundesland: Oberösterreich
Zugelassene Pkw in 1000: 91,8
Sehenswürdigkeiten: Hauptplatz, Linzer Altstadt, Linzer Schloss mit Schlossmuseum, Alter Dom, Neuer Dom, Wallfahrtsbasilika Pöstlingberg, Martinskirche, Ars Electronica Center, Cowboymuseum, Zahnmuseum, Lentos Kunstmuseum, Nordico – Museum der Stadt Linz, Oberösterreichisches Landesmuseum, Grottenbahn, Botanischer Garten, Freinberg-Park
www.linz.at

LA Landeck
LB Leibnitz
LE Leoben
LF Lilienfeld
LI Liezen
LL Linz-Land
LN Bezirk Leoben
LZ Lienz
MA Mattersburg
MD Mödling
ME Melk
MI Mistelbach
MU Murau
MZ Mürzzuschlag
ND Neusiedl am See
NK Neunkirchen
OP Oberpullendorf

OW Oberwart

P St. Pölten

Bundesland: Niederösterreich
Zugelassene Pkw in 1000: 29,8
Sehenswürdigkeiten: Rathaus, Riemerplatz, Herrenplatz mit Markt, Jugendstilvilla im Südpark, Klangturm, Ehemalige Synagoge, Domkirche, Prandtauerkirche FestSpielHaus, Diözesanmuseum, Niederösterreichisches Landesmuseum
www.st-poelten.gv.at

PE Perg
PL St. Pölten-Land
RA Radkersburg
RE Reutte
RI Ried (Innkreis)
RO Rohrbach

S Salzburg

Bundesland: Land Salzburg
Zugelassene Pkw in 1000: 96,2
Sehenswürdigkeiten: Festung Hohensalzburg, Salzburger Residenz, Schloss Hellbrunn mit Park, Wasserspielen und Tierpark, Schloss Mirabell, Schloss Leopoldskron, Getreidegasse, Salzburger Dom, Stift Sankt Peter, Dommuseum Salzburg, Museum der Moderne, Salzburger Freilichtmuseum, Barockmuseum, Stille-Nacht-Museum, Geburtshaus Mozart, Salzburger Marionettentheater
www.salzburg.info

SB Scheibbs
SD Schärding
SE Steyr-Land, Steyr-Enns
SL Salzburg-Umgebung
SP Spittal (Drau)
SR Steyr
SV St. Veit (Glan)
SW Schwechat
SZ Schwaz
TA Tamsweg
TU Tulln
UU Urfahr-Umgebung
VB Vöcklabruck

VI Villach

Bundesland: Kärnten
Zugelassene Pkw in 1000: 30,4
Sehenswürdigkeiten: Burgruine Landskron, Römerweg, Kirche „Zum Heiligen Kreuz", Stadtpfarrkirche St. Jakob, Fahrzeugmuseum, Pilzmuseum, Puppenmuseum, Thermalquelle Maibachl, Walther von der Vogelweide-Park
www.villach.at

VK Völkermarkt
VL Villach-Land
VO Voitsberg

W Wien (Hauptstadt)
Bundesland: Land Wien
Zugelassene Pkw in 1000: 648,4
Sehenswürdigkeiten: Burgtheater, Schloss Belvedere, Schloss Schönbrunn, Staatsoper, Jesuitenkirche, Stephansdom, Hofburg mit Sisi-Museum, Leopold-Museum, Kunsthistorisches Museum, MuseumsQuartier, Hundertwasserhaus, Prater, Spanische Hofreitschule
www.wien.gv.at

WB Wiener Neustadt-Land

WE Wels
Bundesland: Oberösterreich
Zugelassene Pkw in 1000: 30,6
Sehenswürdigkeiten: Burg Wels, Schloss Pollheim, Herz-Jesu-Kirche, Kalvarienbergkirche, Dragonermuseum, Stadtmuseum
www.wels.at

WL Wels-Land
WN Wiener Neustadt
WO Wolfsberg
WT Waidhofen (Thaya)
WU Wien-Umgebung
WY Waidhofen (Ybbs)
WZ Weiz
ZE Zell am See
ZT Zwettl

Autokennzeichen in der Schweiz (CH)

Auf Nummernschildern, die am Fahrzeugheck angebracht sind, ist links das Schweizer Landeswappen abgebildet, dann folgen zwei Buchstaben, die den Kanton angeben. Die darauf folgenden Ziffern werden von 1 bis 999 999 durchnummeriert, bevor das Kennzeichen mit dem jeweiligen Kantonswappen abschließt. Die vorderen Kontrollschilder – so lautet die offizielle schweizerische Bezeichnung für Autokennzeichen – sind meist etwas kleiner und enthalten keine Wappen. Hier findet man nur das Kantonskürzel mit Erkennungsnummer.

Sonderkennzeichen:

Zivile Fahrzeuge der Bundesbehörden tragen das Wappen der Schweiz, gefolgt von einem **A** (= Administration) und einer fünfstelligen Nummer, deren erste Ziffer für das sogenannte „Eidgenössische Departement" (Ministerium) steht, zu dem das Fahrzeug gehört:

1 Departement für auswärtige Angelegenheiten
2 Departement des Innern
3 Justiz- und Polizeidepartement
4 Departement für Verteidigung, Bevölkerungsschutz und Sport

5 Finanzdepartement
6 Volkswirtschaftsdepartement
7 Departement für Umwelt, Verkehr, Energie und Kommunikation
Fahrzeuge des Diplomatischen und Konsularischen Corps erkennt man an den Buchstabencodes **CD** bzw. **CC**. Die weißen Buchstaben sind farbig hinterlegt und befinden sich links vor dem Kantonskürzel.

Eine Reihe weiterer Sonderkennzeichen schließt rechts nach der Ziffernkombination mit einem einzelnen Buchstaben ab:
K Kantonskennzeichen (befristet gültig)
U Händlerfahrzeug
V Mietwagen
Z Zollschilder (befristet gültig)

Arbeitsfahrzeuge (z.B. Feuerwehr) haben blaue, landwirtschaftliche Fahrzeuge grüne Nummernschilder. Sogenannte Ausnahmefahrzeuge (z.B. Kran) haben braune Nummernschilder. Militärfahrzeuge tragen schwarze Schilder mit weißer Schrift, die Kennzeichen beginnen mit dem Buchstaben **M**.

Alphabetische Auflistung schweizerischer Kennzeichen

AG Aargau
AI Appenzell Innerrhoden
AR Appenzell Ausserrhoden

BE Bern

Zugelassene Pkw im Kanton in 1000: 465,2

***Bern** (Hauptstadt)*

Sehenswürdigkeiten: Albert-Einstein-Haus, Gotisches Rathaus, Holländerturm, Käfigturm, Bärengraben, Kindlifresserbrunnen, Kornhaus, Orangerie Elfenau, Schloss Bümpliz, Münster St. Vinzenz, Dreifaltigkeitskirche, Museum für Kommunikation, Kunstmuseum, Historisches Museum, Alpines Museum, Zentrum Paul Klee, Marzilibahn
www.bern.ch

***Biel** (frz. Bienne)*

Sehenswürdigkeiten: Bäsätööri, Schmiedengasse, Schüsskanal, Marktplatz, Turm am Nordrand der Altstadt, Stadtkirche, Museum Schwab
www.biel.ch

BL Basel-Landschaft

BS Basel-Stadt

Zugelassene Pkw im Kanton in 1000: 66,3

Basel

Sehenswürdigkeiten: Rathaus, Messeturm, Fasnachtsturm, Spalentor, Basler Münster, Betonkirche St. Antonius, Fischmarkt, Anatomisches Museum, Kunstmuseum Basel, Architekturmuseum, Jean-Tinguely-Museum, Schaulager, Basler Papiermühle
www.basel.ch

FR Freiburg

GE Genf

Zugelassene Pkw im Kanton in 1000: 224,9

Genf

Sehenswürdigkeiten: Jet d'Eau, Geburtshaus von Jean-Jacques Rousseau, Völkerbundpalast, Kathedrale St. Pierre, Internationales Rotkreuz- und Rothalbmondmuseum, Musée d'Art et d'Histoire, Internationaler Autosalon, Englischer Garten, Quai du Mont-Blanc
www.genf.ch

GL Glarus
GR Graubünden
JU Jura

LU Luzern
Zugelassene Pkw im Kanton in 1000: 168,9

Luzern
Sehenswürdigkeiten: Kapellbrücke mit Wasserturm, Löwendenkmal, Altes Rathaus, Raddampfer, Verkehrshaus der Schweiz, Hofkirche, Matthäuskirche, Jesuitenkirche, Sammlung Rosengart, Picasso-Museum, Historisches Museum im Zeughaus, Gletschergarten, Pilatus (Hausberg) mit Zahnradbahn
www.luzern.ch

NE Neuenburg
NW Nidwalden
OW Obwalden

SG St. Gallen
Zugelassene Pkw im Kanton in 1000: 224,9

St. Gallen
Sehenswürdigkeiten: Bank Wegelin, Stickereibörse, ehemalige Benediktinerabtei mit Kathedrale, Stiftsbibliothek, Stadtkirche St. Laurenzen mit begehbarem Turm, Historisches und Völkerkundemuseum, Textilmuseum, Kunsthalle St. Gallen, Wildpark Peter und Paul
www.stadt.sg.ch
www.st.gallen.ch

SH Schaffhausen
SO Solothurn
SZ Schwyz
TG Thurgau

TI Tessin
Zugelassene Pkw im Kanton in 1000: 194,9

Lugano
Sehenswürdigkeiten: Kathedrale San Lorenzo, Kirche Santa Maria degli Angioli, Historisches Museum, Museum der außereuropäischen Kultur, Städtisches Kunstmuseum, Parco Civico, Palazzo Civico, Monte San Salvatore, Monte Brè, Dorf Gandria
www.lugano.ch

UR Uri

VD Waadt
Zugelassene Pkw im Kanton in 1000: 354,1

Lausanne
Sehenswürdigkeiten: Bundesgericht, Haus Villamont, Hôtel d'Angleterre, Jacquemard-Turm, Rathaus, Schloss Saint-Maire, Théâtre de Beaulieu, Kathedrale Notre-Dame, Musée Olympique, Hafen Ouchy
www.lausanne.ch

VS Wallis
ZG Zug

ZH Zürich
Zugelassene Pkw im Kanton in 1000: 652,30

Zürich
Sehenswürdigkeiten: Bahnhofstrasse und Augustinergasse, Fraumünsterkirche, Grossmünster und Wasserkirche, Money-Museum, Schweizerisches Landesmuseum, Kunsthaus Zürich, Spielzeugmuseum, Zoologisches Museum, Botanischer Garten
www.stadt-zuerich.ch
www.zuerich.ch

Winterthur
Sehenswürdigkeiten: Burg Alt-Wülflingen, Schloss Hegi, Villa Flora, Kirche Veltheim, Stadtkirche, Uhrensammlung Kellenberger im Gewerbemuseum, Fotomuseum, Technorama, Museum Oskar Reinhart am Stadtgarten und Sammlung Oskar Reinhart am Römerholz
www.stadt.winterthur.ch

Autokennzeichen in anderen europäischen Ländern

Albanien (AL)

Albanische Kennzeichen beginnen mit einem Buchstabenpaar, das den Zulassungsbezirk angibt. Danach folgen eine vierstellige Zahl und ein weiterer Buchstabe. Bei den hier nachfolgend in Klammern angegebenen Orten handelt es sich um Kreishauptstädte.

BČ Tropojë (Bairim Curri)
BR Berat
BZ Bulquizë
DI Dibre
DL Delvinë
DR Durrës
DV Devolli
EL Elbasan
ER Kolonjë (Ersekë)
FR Fier
GJ Gjirokastër
GR Gramsh
HS Has
KJ Kavajë
KO Korçë
KR Krujë
KU Kukës
KV Kuçovë
LA Laç
LB Librazhd
LE Lezhë
LU Lushnjë
MA Mallakastër
MR Mirditë
MT Mat
PE Peqin
PG Pogradec
PR Permet
PU Pukë
SH Shkodër
SK Skrapar
SR Sarandë
TP Tepelenë
TR Tiranë (Tirana, Hauptstadt)
VL Vlorë (Valona)

Andorra (AND)

Auf den Nummernschildern des kleinen Staates ist „Prinzipat d'Andorra“ zu lesen, links ist groß das Landeswappen abgedruckt. Die Kennzeichen setzen sich aus einem Buchstaben und einer vierstelligen Zahl zusammen, die keine Auskunft über die regionale Herkunft geben. Hauptstadt: Andorra La Vella

Belgien (B)

Belgische Kennzeichen erkennt man an der typischen roten Schrift auf weißem Grund. Sie bestehen aus drei Buchstaben und einem dreistelligen Ziffernblock, die nichts über den Herkunftsort aussagen. Das hintere Kennzeichen ist schmaler als das vordere, oftmals fehlt auch die blaue Europabanderole. Hauptstadt: Brüssel

Bosnien und Herzegowina (BIH)

Vor mehreren Jahren wurde in Bosnien-Herzegowina aufgrund der ethnischen Konflikte ein neues Kennzeichensystem eingeführt, das keine Rückschlüsse mehr auf die Herkunftsprovinz zulässt. Aktuelle Nummernschilder setzen sich aus sechs Ziffern zusammen, die in der Mitte durch einen Buchstaben abgetrennt werden. Ältere

Kennzeichen beginnen mit zwei Buchstaben, die den Herkunftsort des Wagens angeben, danach folgt eine Kombination aus Zahlen und Buchstaben. Im Zuge des Bürgerkrieges wurden in einzelnen Landstrichen jedoch immer wieder neue Codesysteme eingeführt. Die folgende Liste der alten Ortskürzel ist daher unvollständig.

BČ Brčko
BI Bihać
BL Banja Luka
DO Doboj
GŽ Goražde
JC Jajce
LI Livno
MO Mostar
PD Prijedor
SA Sarajevo (Hauptstadt)
TZ Tuzla
ZE Zenica

Bulgarien (BG)

Bulgarische Kennzeichen beginnen mit ein bis zwei Buchstaben, die den Herkunftsbezirk angeben. Es folgen vier Ziffern und zwei weitere Buchstaben – bei älteren Kennzeichen nur ein Buchstabe.

A Burgas
B Varna
BH Vidin
BP Vraca
BT Veliko Tŏrnovo
C Sofija (Sofia, Hauptstadt)
CC Silistra
CH Sliven
CM Smoljan
CO Sofija-Land
CT Stara Zagora
E Blagoevgrad
EB Gabrovo
EH Pleven
H Šumen
K Kârdžali

KH Kjustendil
M Montana
OB Loveč
P Ruse
PA Pazardžik
PB Plovdiv
PK Pernik
PP Razgrad
T Tărgovište
TX Dobrih
X Haskovo
Y Jambol

Dänemark (DK)

Dänische Autokennzeichen (bestehend aus zwei Buchstaben und einer fünfstelligen Zahl) geben keinen Aufschluss darüber, aus welcher Stadt oder Region ein Fahrzeug stammt. Eine Ausnahme bilden die Kennzeichen der Färöer-Inseln mit **FO**. Bei Pkws ist das Nummernschild weiß mit schwarzer Schrift und einem roten Rand, Schilder für Lkws und Lieferfahrzeuge sind gelb, Schrift und Umrandung sind hier schwarz. Hauptstadt: Kopenhagen.

Estland (EST)

Estnische Kennzeichen bestehen aus drei Ziffern gefolgt von drei Buchstaben. Der erste Buchstabe gibt an, in welchem Distrikt das Fahrzeug gemeldet ist.

A Tallinn (Reval, Hauptstadt)
B Tallinn (Reval)
D Viljandi
F Pärnu
G Valga
H Hiiumaa

I Jõhvi
J Jõgeva
K Kuressaare
L Ralpa
M Harju
N Narva
O Põlva
P Paide
R Rakvere
S Haapsalu
T Tartu
V Võru

Europäische Union (EUR)

Dienstfahrzeuge von Beamten der Europäischen Union sind mit speziellen Kennzeichen versehen. Sie werden in Brüssel vergeben und lassen keine Rückschlüsse auf den Herkunftsort des Wagens zu. Die Kennzeichen sind weiß mit blauer Schrift, links finden sich die Buchstaben **EUR** in einem Sternenkreis. Darauf folgt ein vierstelliger Ziffernblock.

Finnland (FIN)

Ein regionales Nummernsystem existiert in Finnland nicht. Die Kennzeichen bestehen aus zwei bis drei Buchstaben, nach einem Bindestrich folgt eine Zahlenkombination. Eine Ausnahme bildet das Kennzeichen der Åland-Inseln (beginnend mit **Å**). Lkw-Kennzeichen beginnen immer mit **P**. Hauptstadt: Helsinki.

Frankreich (F)

Französische Kennzeichen beginnen mit maximal vier Ziffern, denen bis zu drei Buchstaben folgen. Danach stehen nochmals zwei Ziffern, die das französische Département (Verwaltungseinheit) angeben, aus dem der Wagen stammt (Liste siehe unten). Vor 1992 wurden schwarze Schilder mit weißer Schrift ausgegeben. Später zugelassene Fahrzeuge tragen vorne ein weißes und am Heck ein gelbes Nummernschild. Das blaue Europaband ist seit 2004 Pflicht, es sind jedoch auch noch Schilder ohne Europabanderole erhältlich.

Ab 2008 wird in Frankreich ein ganz neues Kennzeichensystem eingeführt: Die Farbe der Nummernschilder wird zukünftig vorne und hinten einheitlich gelb sein. Zudem werden alle Kennzeichen landesweit fortlaufend und ohne Regionalkennung vergeben. Die Nummer des Départements entfällt somit, kann aber – wie in Italien – wahlweise in einem neuen blauen Balken am rechten Schildrand abgedruckt werden.

1 Alin
2 Aisne
3 Allier
4 Alpes de Haute-Provence
5 Hautes-Alpes
6 Alpes-Maritimes
7 Ardéche
8 Ardennes
9 Ariège
10 Aube
11 Aude
12 Averyon
13 Bouches-du-Rhône

14 Calvados
15 Cantal
16 Charente
17 Charente-Maritime
18 Cher
19 Corrèze
2A Corse du sud
2B Haute-Corse
21 Côte d'or
22 Côtes d'Armor
23 Creuse
24 Dordogne
25 Doubs
26 Drôme
27 Eure
28 Eure-et-Loir
29 Finistère
30 Gard
31 Haute-Garonne
32 Gers
33 Gironde
34 Héerault
35 Ille-et-Vilaine
36 Indre
37 Indre-et-Loire
38 Isère
39 Jura
40 Landes
41 Loir-et-Cher
42 Loire
43 Haute-Loire
44 Loire-Atlantique
45 Loiret
46 Lot
47 Lot-et-Garonne
48 Lozère
49 Maine-et-Loire
50 Manche
51 Marne
52 Haute-Marne
53 Mayenne
54 Meurthe-et-Moselle
55 Meuse
56 Morbihan
57 Moselle
58 Nièvre
59 Nord
60 Oise
61 Orne
62 Pas-de-Calais
63 Puy-de-Dôme
64 Pyrénées-Atlantiques
65 Haute-Pyrénées
66 Pyrénées-Orientales
67 Bas-Rhin
68 Haute-Rhin
69 Rhône
70 Haute-Saône
71 Saône-et-Loire
72 Sarthe
73 Savoie
74 Haute-Savoie
75 Paris (Hauptstadt)
76 Seine-Maritime
77 Seine-et-Marne
78 Yvelines
79 Deux-Sèvres
80 Somme

81 Tarn
82 Tarn-et-Garonne
83 Var
84 Vaucluse
85 Vendeé
86 Vienne
87 Haute-Vienne
88 Vosges
89 Yonne
90 Territoire-de-Belfort
91 Essonne
92 Haute-de-Seine
93 Seine-Saint-Denis
94 Val-de-Marne
95 Vald'Oise

Griechenland (GR)

Griechische Kennzeichen bestehen aus drei Buchstaben, denen eine vierstellige Zahlenkombination folgt. Die ersten beiden Buchstaben geben den Meldedistrikt an. In der folgenden Liste sind die jeweiligen Distrikthauptstädte in Klammern angegeben, sofern ihr Name nicht mit dem des zugehörigen Distrikts übereinstimmt.

AA Achäa (Patras)
AB Kavala
AE Lasithi/Kreta (Agios Nikolaos)
AH Xanthi
AI Agrinio
AK Lakonien (Sparta)
AM Phokis (Amfissa)
AN Lasithi/Kreta (Agios Nikolaos)
AO Achäa (Patras)
AP Argolis (Nauplion)
AT Arta
AX Achäa (Patras)
AY Achäa
AZ Achäa
BA Magnesia (Volos)
BB Magnesia
BE Piräus
BH Piräus
BI Böotien (Levadia)
BK Attika Ost
BM Attika Ost
BN Attika West

BO	Magnesia (Volos)
BP	Attika West
BT	Magnesia (Volos)
BX	Piräus
BY	Böotien (Levadia)
BZ	Piräus
EA	Kos
EB	Evros (Alexandroupolis)
EE	Pella (Edessa)
EH	Euböa (Chalkis)
EI	Euböa
EM	Kykladen (Ermoupolis)
EN	Kykladen
EO	Kykladen
EP	Serres
ET	Korfu
EX	Kilkis
EY	Lefkas
EZ	Kykladen (Ermoupolis)
HA	Elis (Pyrgos)
HB	Athen (Hauptstadt)
HE	Elis (Pyrgos)
HH	Heraklion/Kreta
HI	Heraklion/Kreta
HK	Heraklion/Kreta
HM	Imathia
HN	Thesprotia (Igoumenitsa)
HO	Xanthi
HP	Heraklion/Kreta
HX	Imathia
HY	Phthiotis (Lamia)
HZ	Heraklion/Kreta
IB	Athen
IE	Athen
IH	Athen
II	Ioannina
IK	Athen
IM	Athen
IN	Ioannina
IO	Athen
IP	Athen
IT	Athen
IX	Serres
IY	Athen
KA	Karditsa
KB	Kavala
KE	Kephallonia (Argostoli)
KH	Evritania (Karpenissi)
KI	Kilkis
KK	Rodhopi (Komotini)
KM	Messenien (Kalamata)
KN	Pieria (Katerini)
KO	Rodhopi (Komotini)
KP	Korinth
KT	Kastoria
KX	Kos
KY	Korfu
KZ	Kozani
MA	Chalkidiki (Polygyros)
MB	Samos
ME	Ätolien-Akarnanien (Messolonghi)
MH	Limnos (Myrina)
MI	Phthiotis (Lamia)
MK	Karditsa
MM	Pella (Edessa)
MN	Kozani
MO	Samos

MP Lakonien (Sparta)
MT Lesbos (Mytilene)
MX Evros (Alexandroupolis)
MY Lesbos (Mytilene)
MZ Messenien (Kalamata)
NA Thessaloniki
NB Thessaloniki
NE Thessaloniki
NH Thessaloniki
NI Thessaloniki
NK Thessaloniki
NM Thessaloniki
NN Thessaloniki
NO Thessaloniki
NP Thessaloniki
NT Thessaloniki
NX Thessaloniki
NY Thessaloniki
NZ Thessaloniki
OA Athen
OB Athen
OE Athen
OH Athen
OI Athen
OK Athen
OM Athen
ON Athen, Drama
OO Athen
OP Orestiada
OT Athen
OX Athen
OY Athen
OZ Athen
PA Florina
PB Korinth
PE Rethymnon/Kreta
PH Rethymnon/Kreta
PI Larissa
PK Rhodos
PM Drama
PN Grevena
PO Dodekanes (Rhodos)
PP Larissa
PT Larissa
PX Dodekanes (Rhodos)
PY Dodekanes
PZ Preveza
TB Korfu
TE Korfu
TH Agrinio
TI Pieria (Katerini)
TK Trikala
TM Argolis (Nauplion)
TN Trikala
TO Drama
TP Arkadien (Tripoli)
TT Rodhopi (Komotini)
TX Preveza
TY Chania/Kreta
TZ Piräus
XA Euböa (Chalkis)
XB Chania/Kreta
XE Athen
XH Athen
XI Chios
XK Chalkidiki (Polygyros)
XM Athen
XN Chania/Kreta

XO	Chios
XP	Athen
XT	Athen
XX	Athen
XY	Athen
XZ	Athen
YA	Athen
YB	Athen
YE	Athen
YH	Athen
YI	Piräus
YK	Piräus
YM	Piräus
YN	Piräus
YO	Attika Ost
YP	Attika Ost
YT	Attika Ost
YX	Attika West
YY	Attika West
YZ	Athen
ZA	Zakynthos
ZB	Zakynthos
ZE	Thessaloniki
ZH	Athen
ZI	Thessaloniki
ZK	Athen
ZM	Athen
ZN	Piräus
ZO	Thessaloniki
ZP	Piräus
ZT	Attika West
ZX	Attika Ost
ZY	Attika Ost

Großbritannien (GB)

Britische Autokennzeichen beginnen mit einem Buchstabenpaar, anhand dessen sich der Herkunftsort des Fahrzeuges bestimmen lässt. Danach folgen zwei Ziffern, die das Jahr der Erstzulassung angeben, und wieder drei Buchstaben. Dieses System wurde 2001 eingeführt. Am Fahrzeugheck montierte Nummernschilder sind gelb, vorne angebrachte Schilder weiß – die Schrift ist jeweils schwarz.

Vor 2001 ausgegebene britische Kennzeichen sind immer noch verbreitet. Sie setzten sich wie folgt zusammen: An einen einzelnen Buchstaben – er gibt in verschlüsselter Form das Jahr der Erstzulassung an – schließt unmittelbar ein bis zu dreistelliger Ziffernblock an; nach einem Zwischenraum folgt dann ein dreistelliger Buchstabenblock (z.B. W764 LRH). Die letzten beiden Lettern dieses Buchstabenblocks geben an, in welchem Bezirk ein Fahrzeug zugelassen ist. Die nachfolgenden Code-Listen beschränken sich auf das 2001 eingeführte Kennzeichensystem.

Erstzulassungs-Codes (ab 2001):

Jahr	März	September
2001		**51**
2002	**02**	**52**
2003	**03**	**53**
2004	**04**	**54**
2005	**05**	**55**
2006	**06**	**56**
2007	**07**	**57**
2008	**08**	**58**
2009	**09**	**59**
2010	**10**	**60**

AA-AH	Peterborough
AJ-AN	Peterborough
AO-AP	Norwich
AS-AU	Norwich
AV-AY	Ipswich
BA-BH	Birmingham
BK-BP	Birmingham
BR-BY	Birmingham

CA-CH	Cardiff
CJ-CO	Cardiff
CP-CV	Swansea
CW-CY	Bangor
DA-DH	Chester
DJ-DK	Chester
DL-DP	Shrewsbury
DR-DY	Shrewsbury
EA-EH	Chelmsford
EJ-EP	Chelmsford
ER-EY	Chelmsford
FA-FH	Nottingham
FJ-FN	Nottingham
FP	Nottingham
FR-FT	Lincoln
FV-FY	Lincoln
GA-GH	Maidstone
GJ-GO	Maidstone
GP-GY	Brighton
HA-HH	Bournemouth
HJ	Bournemouth
HK-HP	Portsmouth
HR-HV	Portsmouth
HW	Isle of Wight
HX-HY	Portsmouth
KA-KH	Luton
KJ-KL	Luton
KM-KP	Northampton
KR-KY	Northampton
LA-LH	Wimbledon (London, Hauptstadt England)
LJ	Wimbledon
LK-LP	Stanmore (London)
LR-LT	Stanmore (London)
LU-LY	Sidcup (London)
MA-MH	Manchester
MJ-MP	Manchester
MR-MY	Manchester
NA-NH	Newcastle
NJ-NN	Newcastle
NP	Stockton
NR-NY	Stockton
OA-OH	Oxford
OJ-OP	Oxford
OR-OY	Oxford
PA-PH	Preston
PJ-PP	Preston
PR-PT	Preston
PU-PY	Carlisle
RA-RH	Reading
RJ-RP	Reading
RR-RY	Reading
SA-SH	Glasgow
SJ	Glasgow
SK-SO	Edinburgh (Hauptstadt Schottland)
SP	Dundee
SR-SU	Dundee
SV-SW	Aberdeen
SX-SY	Inverness
VA-VH	Worcester
VJ-VP	Worcester
VR-VY	Worcester
WA-WH	Exeter
WJ	Exeter
WK-WL	Truro (Isles of Scilly)
WM-WN	Bristol

WP	Bristol
WR-WY	Bristol
YA-YH	Leeds
YJ-YK	Leeds
YL-YP	Sheffield
YR-YU	Sheffield
YV-YY	Beverly (Hull)

Die Kennzeichen der **Isle of Man (GBM)** enthalten immer die beiden Buchstaben **MN**. Zudem verraten ein Schriftzug am Kopf des Nummernschildes sowie die Inselflagge am linken Schildrand die Fahrzeugherkunft. Seit 1987 beginnen die Kennzeichen mit **BMN, CMN, DMN**, usw. Dann folgen drei Ziffern und ein Endbuchstabe.
Auf den **Kanalinseln** sehen die Nummernschilder folgendermaßen aus:
Alderney (GBA): AY, gefolgt von 1 bis 4 Ziffern
Guernsey (GBG): reine Ziffernabfolge
Jersey (GBJ): J, gefolgt von 1 bis 5 Ziffern

In **Nordirland** gibt es ein eigenes Kennzeichensystem: Die Autokennzeichen bestehen aus drei Buchstaben, denen ein vierstelliger Zahlenblock folgt. Die beiden letzten Buchstaben geben den Zulassungsort an.

AZ	Belfast
BZ	Down
CZ	Belfast
DZ	Antrim
EZ	Belfast
FZ	Belfast
GZ	Belfast
HZ	Tyrone
IA	Antrim
IB	Armagh
IG	Fermanagh
IJ	Down
IL	Fermanagh
IW	Londonderry/Derry

JI	Tyrone
JZ	Down
KZ	Antrim
LZ	Armagh
MZ	Belfast
NZ	Londonderry/Derry
OI	Belfast
OZ	Belfast
PZ	Belfast
RZ	Antrim
SZ	Down
TZ	Belfast
UI	Londonderry/Derry
UZ	Belfast
VZ	Tyrone
WZ	Belfast
XI	Belfast
XZ	Armagh
YZ	Londonderry/Derry
ZU	Belfast

Irland (IRL)

Auf irischen Kennzeichen stehen zuerst zwei Ziffern, danach folgt die Abkürzung der Stadt bzw. Grafschaft (ein bis zwei Buchstaben). Am Ende steht eine Registrierungsnummer. Die ersten beiden Zahlen geben das Zulassungsjahr an (z.B. 97 = 1997). Das Kürzel der Grafschaft bzw. Stadt leitet sich aus der englischen Bezeichnung ab, die gälische steht ausgeschrieben darüber.

C	Cork
CE	Clare
CN	Cavan
CW	Carlow
D	Dublin (Hauptstadt)
DL	Donegal
G	Galway
KE	Kildare
KK	Kilkenny
KY	Kerry
L	Limerick (Stadt)
LD	Longford
LH	Louth
LK	Limerick (Land)
LM	Leitrim
LS	Leix

MH Meath
MN Monaghan
MO Mayo
OY Offaly
RN Roscommon
SO Sligo
TN Tipperary North Riding
TS Tipperary South Riding
W Waterford (Stadt)
WD Waterford (Land)
WH Westmeath
WW Wicklow
WX Wexford

Island (IS)

Isländische Kennzeichen bestehen aus zwei Buchstaben und drei Ziffern. Sie werden fortlaufend vergeben und lassen keine Rückschlüsse über den genauen Herkunftsort des Fahrzeugs zu. Hauptstadt: Reykjavík

Italien (I)

Noch heute sieht man in Italien viele Autos mit Nummernschildern, die vor 1994 ausgegeben wurden. Sie sind entweder schwarz mit weißer oder weiß mit schwarzer Aufschrift. Die ersten beiden, früher in Orange gedruckten Buchstaben stehen für die Provinz, in der das Fahrzeug gemeldet ist. Danach folgt eine Kombination aus Zahlen und Buchstaben.

Seit der Einführung eines neuen Systems im Jahr 1994 lässt der Buchstaben-Ziffern-Code keine Rückschlüsse mehr auf die Herkunftsprovinz zu, Zahlen und

Buchstaben werden landesweit fortlaufend vergeben. Bei Fahrzeugen mit Eurokennzeichen befindet sich jedoch am linken und rechten Rand des Nummernschildes eine blaue Banderole: Links ist darauf das Länderkennzeichen mit Sternenkranz abgebildet, rechts findet sich das Erstzulassungsjahr und häufig auch das Kürzel der Provinz, in der der Wagen gemeldet ist.

Sonderkennzeichen:

AM Aeronautica Militare (Luftwaffe)
CC Carabinieri (Polizei)
CD Corpo Diplomatico (Diplomatisches Korps)
CFS Corpo Forestale dello Stato (Forstbehörden)
CP Capitaneria di Porto (Küstenwache)
CRI Croce Rossa Italiana (Rotes Kreuz)
EE Escursionisti Esteri (Ausländer, ohne Wohnsitz in Italien)
EI Esercito Italiano (Militär)
G.d.F. Guardia di Finanza (Zoll)
MM Marina Militare (Marine)
VF Vigili del Fuoco (Feuerwehr)

AG Agrigento
AL Alessandria
AN Ancona
AO Valle d'Aosta (Aostatal)
AP Ascoli Piceno
AQ L'Aquila
AR Arezzo
AT Asti
AV Avellino
BA Bari
BG Bergamo
BI Biella

BL Belluno
BN Benevento
BO Bologna
BR Brindisi
BS Brescia
BT Barletta-Andria-Trani (ab 2009)
BZ Bozen
CA Cagliari
CB Campobasso
CE Caserta
CH Chieti
CI Carbonia-Iglesias
CL Caltanissetta
CN Cuneo
CO Como
CR Cremona
CS Cosenza
CT Catania
CZ Catanzaro
EN Enna
FE Ferrara
FG Foggia
FI Florenz (Firenze)
FM Fermo (ab 2009)
FO Forlì-Cesena
FR Frosinone
GE Genua (Genova)
GO Görz (Gorizia)
GR Grosseto
IM Imperia
IS Isernia
KR Crotone
LC Lecco
LE Lecce
LI Livorno
LO Lodi
LT Latina
LU Lucca
MB Monza e Brianza (ab 2009)
MC Macerata
MD Medio Campidano
ME Messina
MI Mailand (Milano)
MN Mantua (Mantova)
MO Modena
MS Massa-Carrara
MT Matera
NA Neapel (Napoli)
NO Novara
NU Nuoro
OG Ogliastra
OT Olbia-Tempio
OR Oristano
PA Palermo
PC Piacenza
PD Padua (Padova)
PE Pescara
PG Perugia
PI Pisa
PN Pordenone
PO Prato
PR Parma
PU Pesaro Urbino
PT Pistoia
PV Pavia
PZ Potenza

RA Ravenna
RC Reggio di Calabria
RE Reggio Emilia
RG Ragusa
RI Rieti
RN Rimini
RO Rovigo
RM Rom (Roma, Hauptstadt)
SA Salerno
SI Siena
SO Sondrio
SP La Spezia
SR Syrakus (Siracusa)
SS Sassari
SV Savona
TA Tarent (Taranto)
TE Teramo
TN Trient (Trento)
TO Turin (Torino)
TP Trapani
TR Terni
TS Triest (Trieste)
TV Treviso
UD Udine
VA Varese
VB Verbano-Cusio-Ossola
VC Vercelli
VE Venedig (Venezia)
VI Vicenza
VR Verona
VT Viterbo
VV Vibo Valentia

Kroatien (HR)

Auf kroatischen Kennzeichen geben die ersten beiden Buchstaben den Herkunftsort an. Darauf folgt eine Kombination aus Zahlen und Buchstaben, die durch einen Strich getrennt sind.

Sonderkennzeichen:
HV Hrvatska Voyska (Militär)

BJ Bjelovar
BM Beli Manastir
ČK Čakovec
DA Daruvar
DE Delnice
DJ Djakovo

DU Dubrovnik
GS Gospič
IM Imotski
KA Karlovac
KC Koprivnica
KR Krapina
KT Kutina
KŽ Križevci
MA Makarska
NA Nasice
NG Nova Gradiška
OG Ogulin
OS Osijek
PS Podravska Slatina
PU Pula
PZ Pozega
RI Rijeka
SB Slavonski Brod
ŠI Šibeník
SK Sisak
ST Split
VK Vinkovci
VT Virovitica
VU Vukovar
VŽ Varaždin
ZD Zadar
ZG Zagreb (Hauptstadt)
ŽU Županja

Lettland (LV)

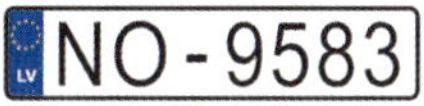

Die lettischen Kennzeichen bestehen aus zwei Buchstaben und einer Zahlenfolge. Eine regionale Zuordnung ist nicht möglich. Hauptstadt: Riga

Liechtenstein (FL)

Kennzeichen in Liechtenstein bestehen aus den Buchstaben **FL** (Fürstentum Liechtenstein) und einer Zahlenkombination, hinter der sich keine Regionalkennung verbirgt – im kleinen Fürstentum ist das auch nicht nötig. Hauptstadt: Vaduz

Litauen (LT)

Litauische Kennzeichen setzen sich aus einer Kombination von drei Buchstaben und drei Ziffern zusammen, die seit einigen Jahren nicht mehr auf die Fahrzeugherkunft schließen lässt. Bei älteren Kennzeichen konnte man an den mittleren Buchstaben des Buchstabenblocks den Herkunftsort ablesen.

A Alytus
J Jurbarkas (Georgenburg)
K Kaunas (Kauen)
L Klaipėda (Memel)
M Marijampolė
P Panevėžys
S Šiauliai (Schaulen)
T Telšiai (Telschen)
U Utena
V Vilnius (Wilna, Hauptstadt)

Luxemburg (L)

Kennzeichen aus Luxemburg bestehen aus einem maximal sechsstelligen Buchstaben-Ziffern-Code, der keine Auskunft über die Herkunft des Fahrzeugs gibt. Auf aktuellen Nummernschildern findet man in der Regel zwei Buchstaben vor einem Block aus vier Ziffern. Hauptstadt: Luxemburg

Malta (M)

Maltesische Nummernschilder bestehen aus drei Buchstaben und drei Zahlen, die nicht auf den Meldeort schließen lassen. Die Kennzeichen werden für ein Jahr ausgegeben. Hauptstadt: Valletta

Mazedonien (MK)

Bei mazedonischen Kennzeichen geben die ersten beiden Buchstaben an, aus welcher Stadt bzw. Gemeinde ein Fahrzeug stammt. Darauf folgen drei Zahlen und wieder zwei Buchstaben.

BT Bitola
GV Gostivar
KU Kumanovo
OH Ohrid
PP Prilep

SK Skopje (Hauptstadt)
SR Strumica
ŠT Štip
TE Tetovo
VE Veles

Moldau (Moldawien, MD)

Moldawische Kennzeichen beginnen mit ein bis zwei Buchstaben, die für den Verwaltungsbezirk stehen, in dem ein Fahrzeug gemeldet ist. Danach folgen ein zweistelliger Buchstabenblock und davon abgetrennt drei weitere Ziffern.

AN Anenii Noi
BE Bendery
BL Bălţi
BR Briceni
BS Basarabeasca
C Chişinău (Hauptstadt)
CC Camenca
CG Ciadir-Lunga
CH Cahul
CL Călăraşi
CM Cimişlia
CN Cainari
CO Comrat
CR Criulen
CS Căuşeni
CT Cantemir
DB Dubăsari
DN Donduşeni
DR Drochia
ED Edinet
FR Floreşti
GL Glodeni
HN Hînçeşti
IL Ialoveni
LV Leova
NS Nisporeni
OC Ocnita
OR Orhei
RB Rîbnita
RS Rîşcani
RZ Resina
SG Sfintu Grigori
SL Slobozia
SR Soroca
ST Straşeni
SV Ştefan Voda
TA Taraclia
TL Teleneşti
TR Taraclia
TS Tiraspol
UN Ungheni
VL Vulcaneşti

Monaco (MC)

Monegassische Kennzeichen bestehen aus einer vierstelligen Kombination, wahlweise vier Ziffern oder ein Buchstabe gefolgt von drei Ziffern. Hauptstadt: Monaco-Ville

Montenegro (MNE, früher SCG)

Seit Juni 2006 ist Montenegro ein von Serbien unabhängiger Staat. Bisher gab es jedoch keine Änderung des alten Kennzeichensystems. Montenegrinische Nummernschilder können vor allem anhand des Buchstabencodes identifiziert werden, der den Zulassungsbezirk angibt. An manchen Fahrzeugen ist – meist am Heck neben dem Nummernschild – bereits eine Zusatzplakette bzw. ein Aufkleber mit der Nationalflagge oder dem Nationalkürzel (MNE) des jungen Staates angebracht. Ob Montenegro ein neues, eigenes Kennzeichensystem einführt, ist noch nicht absehbar. Hauptstadt: Podgorica. Weitere Informationen siehe Serbien.

Niederlande (NL)

Niederländische Kennzeichen weisen eine Kombination aus sechs Buchstaben und Zahlen auf, die jeweils in Zweierpaaren stehen und durch Bindestriche getrennt sind. Diese Kombination lässt nicht auf den Zulassungsort schließen. Hauptstadt: Amsterdam

Norwegen (N)

Die beiden ersten Buchstaben eines norwegischen Kennzeichens geben Auskunft über die Herkunft des Wagens. Danach folgt eine vier- bis fünfstellige Zahlenkombination.

AA-AC	Halden
AD-AH	Fredrikstad
AJ-AP	Mysen
AR-AV	Fredrikstad
AX-AZ	Moss
BB	Moss
BC-BK	Drøbak
BL-CB	Sandvika
CC-CZ	Lillestrøm
DA-FE	Oslo (Hauptstadt)
FK	Storslett
FL	Tromsø, Svalbard
FN	Moss
FP	Trondheim
FR	Vadsø
FS-HA	Hamar
HB-HE	Elverum
HF-HH	Tynset
HJ-HR	Kongsvinger
HS-HY	Lillehammer
HZ-JB	Otta
JC-JP	Gjøvik
JR-JT	Fagernes
JU-KA	Hønefoss
KB-KD	Gol
KE-KS	Drammen
KT-KY	Kongsberg
KZ-LF	Horten
LH-LR	Tønsberg
LS-NC	Larvik
LY	Sandefjord
ND-NU	Skien
NV-NZ	Notodden
PA-PB	Rjukan
PC-PL	Arendal
PN-PV	Kristiansand
PX-RD	Mandal
RA-RB	Flekkefjord
RE-RY	Stavanger
RZ-SB	Egersund
SC-SL	Haugesund
SN-TE	Bergen
TF-TK	Voss
TL-TR	Stord
TS-TU	Odda
TV-TZ	Førde
UA-UB	Nordfjordeid
UC-UD	Şogndal
UE-UL	Ålesund
UN-UP	Örsta
UR-UV	Molde
UX-VA	Kristiansund

VB-VC	Sunnndalsøra
VD-VR	Trondheim
VS-VV	Støren
VX-VZ	Orkanger
XA-XC	Brekstad
XD-XJ	Steinkjer
XK-XM	Levanger
XN-XP	Stjørdal
XR-XU	Namsos
XV-XZ	Mosjøen
YA-YD	Mo i Rana
YE-YJ	Bodø
YN-YS	Narvik
YT-YY	Svolvær
YU-YX	Sortland
YZ-ZD	Harstad
ZE-ZN	Tromsø, Svalbard
ZF-ZJ	Finnsnes
ZP-ZR	Vadsø
ZS	Kirkenes
ZT-ZV	Alta
ZX	Hammerfest
ZZ	Lakselv

Polen (PL)

Autokennzeichen in Polen sind sieben- oder achtstellig und beginnen mit zwei bis drei Lettern, die den Zulassungsbezirk angeben. Zwei Buchstaben stehen für kreisfreie Städte, drei für Landkreise. Darauf folgt ein Zahlenblock, der weitere Buchstaben beinhalten kann (z.B. DW 6950E). Vor kurzem wurden auch in Polen neue Eurokennzeichen eingeführt; die polnische Flagge im blauen Band am linken Schildrand wurde durch die europäische Flagge ersetzt.

Sonderkennzeichen:

HB, HK, U, UOP Militär
HP Polizei
HW Grenzschutz

BAU	Augustów
BBI	Bielsk Podlaski
BGR	Grajewo
BHA	Hajnówka
BI	Białystok-Stadt
BIA	Białystok-Kreis
BKL	Kolno
BL	Łomza-Stadt
BLM	Łomza-Kreis
BMN	Monki
BS	Suwałki-Stadt
BSE	Sejny
BSI	Siemiatyce
BSK	Sokólka
BSU	Suwałki-Kreis
BWM	Wysokie Mazowieckie
BZA	Zambrów
CAL	Aleksandrów Kujawski
CB	Bydgoszcz-Stadt
CBR	Brodnica
CBY	Bydgoszcz-Kreis
CCH	Chełmno nad Wisłą
CG	Grudziądz-Stadt
CGD	Golub-Dobrzyń
CGR	Grudziądz-Kreis
CIN	Inowrocław
CLI	Lipno
CMG	Mogilno
CNA	Nakło nad Notecią
CRA	Radziejów
CRY	Rypin
CSE	Sępólno-Krajeńskie
CSW	Świecie
CT	Toruń-Stadt (Thorn)
CTR	Toruń-Kreis
CTU	Tuchola
CW	Włocławek-Stadt
CWA	Wabrzezno
CWL	Włocławek-Kreis
CZN	Żnin
DB	Wałbrzych-Stadt (Waldenburg)
DBA	Wałbrzych-Kreis
DBL	Bolesławiec
DDZ	Dżierżoniów
DGL	Głogów
DGR	Góra
DJ	Jelenia Góra-Stadt
DJA	Jawor
DJE	Jelenia Góra-Kreis
DKA	Kamienna Góra
DKL	Kłodzko
DL	Legnica-Stadt (Liegnitz)
DLB	Lubań
DLE	Legnica-Kreis
DLU	Lubin
DLW	Lwówek Śląski
DMI	Milicz
DOA	Oława
DOL	Oleśnica
DPL	Polkowice
DSR	Środa Śląska
DST	Strzelin
DSW	Świdnica

DTR	Trzebnica
DW	Wrocław-Stadt
DWL	Wołów
DWR	Wrocław-Kreis
DZA	Ząbkowice Śląskie
DZG	Zgorzelec
DZL	Złotoryja
EBE	Bełchatów
EBR	Brzeziny
EKU	Kutno
EL	Łódź-Stadt
ELA	Łask
ELC	Łowicz
ELE	Łęczyca
ELW	Łódź-Kreis
EOP	Opoczno
EP	Piotrków Trybunalski-Stadt
EPA	Pabianice
EPD	Poddębice
EPI	Piotrków Trybunalski-Kreis
EPJ	Pajeczno
ERA	Radomsko
ERW	Rawa Mazowiecka
ES	Skierniewice-Stadt
ESI	Sieradz
ESK	Skierniewice-Kreis
ETM	Tomaszów Mazowiecki
EWE	Wieruszów
EWI	Wieluń
EZD	Zduńska Wola
EZG	Zgierz
FG	Gorzów Wielkopolski-Stadt (Landsberg/Warthe)
FGW	Gorzów Wielkopolski-Kreis
FKR	Krosno Odrzańskie
FMI	Międzyrzecz
FNW	Nowa Sól
FSD	Strzelecko-Drezdenecki
FSL	Słubice
FSU	Sulęcin
FSW	Świebodzin
FZ	Zielona Góra-Stadt (Grünberg)
FZA	Żary
FZG	Żagań
FZI	Zielona Góra-Kreis
GA	Gdynia
GBY	Bytów
GCH	Chojnice
GCZ	Człuchów
GD	Gdańsk-Stadt (Danzig)
GDA	Gdańsk-Kreis
GKA	Kartuzy
GKS	Kościerzyna
GKW	Kwidzyn
GLE	Lębork
GMB	Malbork
GND	Nowy Dwór Gdański
GPU	Puck
GS	Słupsk-Stadt
GSL	Słupsk-Kreis

GSP	Sopot
GST	Starogard Gdański
GTC	Tczew
GWE	Wejherowo
KBC	Bochnia
KBR	Brzesko
KCH	Chrzanów
KDA	Dąbrowa Tarnowska
KGR	Gorlice
KLI	Limanowa
KMI	Miechów
KMY	Myślenice
KN	Nowy Sącz-Stadt
KNS	Nowy Sącz-Kreis
KNT	Nowy Targ
KOL	Olkusz
KOS	Oświęcim
KPR	Proszowice
KR	Kraków-Stadt (Krakau)
KRA	Kraków-Kreis
KSU	Sucha Beskidzka
KT	Tarnów-Stadt
KTA	Tarnów-Kreis
KTT	Tatrzański
KWA	Wadowice
KWI	Wieliczka
LB	Biała Podlaska-Stadt
LBI	Biała Podlaska-Kreis
LBL	Bilgoraj
LC	Chełm-Stadt
LCH	Chełm-Kreis
LHR	Hrubieszów
LJA	Janów Lubelski
LKR	Kraśnik
LKS	Krasnystaw
LLB	Lubartów
LLE	Łęczna
LLU	Łuków
LOP	Opole Lubelskie
LPA	Parczew
LPU	Puławy
LRA	Radzyń Podlaski
LRY	Ryki
LSW	Świdnik
LTM	Tomaszów Lubelski
LU	Lublin-Stadt
LUB	Lublin-Kreis
LWL	Włodawa
LZ	Zamość-Stadt
LZA	Zamość-Kreis
NBA	Bartoszyce
NBR	Braniewo
NDZ	Działdowo
NE	Elbląg-Stadt
NEB	Elbląg-Kreis
NEL	Ełk
NGI	Giżycko
NIL	Iława
NKE	Kętrzyn
NLI	Lidzbark Warmiński
NMR	Mrągowo
NNI	Nidzica
NNM	Nowe Miasto Lubawskie

NO	Olsztyn-Stadt
NOG	Olecko-Gołdapski
NOL	Olsztyn-Kreis
NOS	Ostróda
NPI	Pisz
NSZ	Szczytno
OB	Brzeg
OGL	Głubczyce
OK	Kędzierzyn-Koźle
OKL	Kluczbork
OKR	Krapkowice
ONA	Namysłów
ONY	Nysa
OOL	Olesno
OP	Opole-Stadt
OPO	Opole-Kreis
OPR	Prudnik
OST	Strzelce Opolskie
PCH	Chodzież
PCT	Czarnkowsko-Trzcianecki
PGN	Gniezno
PGO	Grodzisk Wielkopolski
PGS	Gostyń
PJA	Jarocin
PK	Kalisz-Stadt
PKA	Kalisz-Kreis
PKE	Kępno
PKL	Koło
PKN	Konin-Kreis
PKO	Konin-Stadt
PKR	Krotoszyn
PKS	Kościan
PL	Leszno-Stadt
PLE	Leszno-Kreis
PMI	Międzychód
PN	Konin-Stadt
PNT	Nowy Tomyśl
PO	Poznań-Stadt (Posen)
POB	Oborniki
POS	Ostrów Wielkopolski
POT	Ostrzeszów
POZ	Poznań-Kreis
PP	Piła
PPL	Pleszew
PRA	Rawicz
PSE	Srem
PSL	Słupca
PSR	Środa Wielkopolska
PSZ	Szamotuły
PTU	Turek
PWA	Wągrowiec
PWL	Wolsztyn
PWR	Września
PZ	Poznań-Kreis
PZL	Złotów
RBI	Bieszczadzki
RBR	Brzozów
RDE	Dębica
RJA	Jarosław
RJS	Jasło
RK	Krosno-Stadt
RKL	Kolbuszowa
RKR	Krosno-Kreis
RLA	Łańcut
RLE	Leżajsk

RLU	Lubaczów
RMI	Mielec
RNI	Nisko
RP	Przemyśl-Stadt
RPR	Przemyśl-Kreis
RPZ	Przeworsk
RRS	Ropczycko-Sedziszówski
RSA	Sanok
RSR	Strzyżów
RST	Stalowa Wola
RT	Tarnobrzeg-Stadt
RTA	Tamobrzeg-Kreis
RZ	Rzeszów-Stadt
RZE	Rzeszów-Kreis
SB	Bielsko-Biała-Stadt
SBE	Będzin
SBI	Bielsko-Biała-Kreis
SBL	Bieruń-Lędziny/ Tychy-Kreis
SC	Częstochowa-Stadt
SCI	Cieszyn
SCZ	Częstochowa-Kreis
SD	Dąbrowa Górnicza
SG	Gliwice-Stadt (Gleiwitz)
SGL	Gliwice-Kreis
SH	Chorzów
SI	Siemianowice Śląskie
SJ	Jaworzno
SJZ	Jastrzębie-Zdrój
SK	Katowice
SKL	Kłobuck
SLU	Lubliniec
SM	Mysłowice
SMI	Mikołów
SMY	Myszków
SO	Sosnowiec
SPI	Piekary Śląskie
SPS	Pszczyna (Pless)
SR	Rybnik-Stadt
SRB	Rybnik-Kreis
SRC	Racibórz
SRS	Ruda Śląska
ST	Tychy-Stadt
STA	Tarnowskie Góry
STY	Tychy-Kreis/ Bieruń -Lędziny
SW	Świętochłowice
SWD	Wodzisław Śląskie
SY	Bytom
SZ	Zabrze
SZA	Zawiercie
SZO	Żory
SZY	Żywiec
TBU	Busko-Zdrój
TJE	Jędrzejów
TK	Kielce-Stadt
TKA	Kazimierza Wielka
TKI	Kielce-Kreis
TKN	Końskie
TLW	Włoszczowa
TOP	Opatów
TOS	Ostrowiec Świętokrzyski
TPI	Pińczów
TSA	Sandomierz

TSK	Skarżysko-Kamienna
TST	Starachowice
TSZ	Staszów
WA	Warszawa (Warschau, Hauptstadt)
WB	Warszawa
WBR	Białobrzegi
WCI	Ciechanów
WD	Warszawa (Warschau)
WE	Warszawa
WF	Warszawa
WG	Garwolin
WGM	Grodzisk Mazowiecki
WGR	Grójec
WGS	Gostynin
WH	Warszawa (Warschau)
WI	Warszawa
WJ	Warszawa
WK	Warszawa
WKZ	Kozienice
WL	Legionowo
WLI	Lipsko
WLS	Łosice
WM	Mińsk Mazowieckie
WMA	Maków Mazowieckie
WML	Mława
WN	Warszawa (Warschau)
WND	Nowy Dwór Mazowiecki
WO	Ostrołęka-Stadt
WOR	Ostrów Mazowiecka
WOS	Ostrołęka-Kreis
WOT	Otwock
WP	Płock-Stadt
WPI	Piaseczno
WPL	Płock-Kreis
WPN	Płońsk
WPR	Pruszków
WPU	Pułtusk
WPY	Przysucha
WPZ	Przasnysz
WR	Radom-Stadt
WRA	Radom-Kreis
WS	Siedlce-Stadt
WSC	Sochaczew
WSE	Sierpc
WSI	Siedlce-Kreis
WSK	Sokołów Podlaski
WSZ	Szydłowiec
WT	Warszawa (Warschau)
WU	Warszawa
WW	Warszawa
WWE	Węgrów
WWL	Wołomin
WWY	Wyszków
WX	Warszawa (Warschau)
WY	Warszawa
WZ	Warszawa

WZU	Żuromin
WZW	Zwoleń
WZY	Żyrardów
ZBI	Białogard
ZCH	Choszczno
ZDR	Drawsko Pomorskie
ZGL	Goleniów
ZGR	Gryfino
ZGY	Gryfice
ZK	Koszalin-Stadt
ZKA	Kamień Pomorski
ZKL	Kołobrzeg
ZKO	Koszalin-Kreis
ZLO	Łobez
ZMY	Myślibórz
ZPL	Police
ZPY	Pyrzyce
ZS	Szczecin (Stettin)
ZSD	Świdwin
ZSL	Sławno
ZST	Stargard Szczeciński
ZSW	Świnoujście
ZSZ	Szczecinek
ZWA	Wałcz

Portugal (P)

In Portugal bestehen die Autokennzeichen in der Regel aus einer sechsstelligen, in Zweierpaare gegliederten Kette aus Buchstaben und Zahlen. Sie gibt keine Auskunft über die Herkunft des Fahrzeugs. Seit 2005 bildet der Buchstabenblock den mittleren Teil des Kennzeichens – er wird links und rechts von den beiden Ziffernblöcken eingerahmt. Die Schilder sind weiß mit schwarzer Schrift. Am linken Rand ist das Europaband, am rechten ein gelbes Feld mit Erstzulassungsjahr und -monat abgebildet. Bei Lastwagen steht eine Kombination aus ein bis zwei Lettern und einer bis zu sechsstelligen Zahl auf dem Nummernschild. Hauptstadt: Lissabon

Rumänien (RO)

Rumänische Kennzeichen beginnen mit einem oder zwei Buchstaben, die den Herkunftsbezirk angeben. Danach folgt eine Kombination aus Zahlen und Buchstaben. In der folgenden Liste stehen in Klammern die Namen der Bezirkshauptstädte, sofern sie von denen der Bezirke abweichen.

AB Alba (Alba Iulia/Karlsburg)
AG Argeş (Piteşti)
AR Arad
B Bukarest (Hauptstadt)
BC Bacău
BH Bihor (Oradea)
BN Bistriţa-Năsăud (Bistriţa)
BR Brăila
BT Botoşani
BV Braşov/Kronstadt
BZ Buzău
CJ Cluj (Cluj-Napoca/Klausenburg)
CL Călăraşi
CS Caraş-Severin (Reşiţa)
CT Constanţa
CV Covasna (Sfântu Gheorghe)
DB Dâmboviţa (Târgovişte)
DJ Dolj (Craiova)
GJ Gorj (Târgu Jiu)
GL Galaţi
GR Giurgiu
HD Hunedoara (Deva/Diemrich)
HR Harghita (Miercurea Ciuc)
IL Ialomiţa (Slobozia)
IS Iaşi/Jassy
MH Mehedinţi (Drobeta-Turnu Severin)
MM Maramureş (Baia Mare)
MS Mureş (Târgu Mureş/Neumarkt)
NT Neamţ (Piatra Neamţ)
OT Olt (Slatina)
PH Prahova (Ploieşti)
SB Sibiu/Hermannstadt
SJ Sălaj (Zalău)
SM Satu Mare
SV Suceava
TL Tulcea
TM Timiş (Timişoara/Temeschwar)

TR Teleorman (Alexandria)
VL Vâlcea (Râmnicu Vîlcea)
VN Vrancea (Focşani)
VS Vaslui

Russische Föderation (RUS)

Die Buchstaben-Zahlen-Kombination sagt nichts über den Meldeort des Fahrzeugs aus. Eine zweistellige, neuerdings auch dreistellige Zahl am rechten Rand des Nummernschilds gibt allerdings den Distrikt an, in dem das Auto registriert ist.

01 Adygeja
02 Baschkortostan
03 Burjatien
04 Altai
05 Dagestan
06 Inguschetien
07 Kabardino-Balkarien
08 Kalmykien
09 Karatschajewo-Tscherkessien
10 Karelien
11 Komi
12 Mari El
13 Mordowien
14 Jakutien (Sacha)
15 Nordossetien
16 Tatarstan
17 Tywa
18 Udmurtien
19 Chakasien
20 Tschetschenien
21 Tschuwaschien
22 Altai
23 Krasnodar
24 Krasnojarsk
25 Primorje
26 Stawropol
27 Chabarowsk
28 Amur
29 Archangelsk
30 Astrachan
31 Belgorod
32 Brjansk
33 Wladimir
34 Wolgograd
35 Wologda
36 Woronesch
37 Iwanowsk
38 Irkutsk
39 Kaliningrad (Königsberg)

40 Kaluga
41 Kamtschatka
42 Kemerowo
43 Kirow
44 Kostroma
45 Kurgan
46 Kursk
47 St. Petersburg
48 Lipezk
49 Magadan
50 Moskau-Umland
51 Murmansk
52 Nischni Nowgorod
53 Nowgorod
54 Nowosibirsk
55 Omsk
56 Orenburg
57 Orlow
58 Pensa
59 Perm
60 Pskow
61 Rostow
62 Rjazan
63 Samara
64 Saratov
65 Sachalin
66 Swerdlowsk
67 Smolensk
68 Tambovsk
69 Twerj
70 Tomsk
71 Tula
72 Tjumen
73 Uljanowsk
74 Tscheljabinsk
75 Tschitinsk
76 Jaroslawl
77 Moskau-Stadt (Hauptstadt)
78 St. Petersburg-Stadt
79 Jüdische Autonome Republik
80 Aginischer Burjatischer Autonomer Kreis
81 Komi-Permatskischer Autonomer Kreis
82 Korjakskischer Autonomer Kreis
83 Nenezkischer Autonomer Kreis
84 Taimyrskischer Autonomer Kreis
85 Ustj-Ordinischer Burjatischer Autonomer Kreis
86 Chanty-Mansijskij Autonomer Kreis
87 Tschukotskischer Autonomer Kreis
88 Ewenkiskischer Autonomer Kreis
89 Jamalo-Nenezkischer Autonomer Kreis
90 Moskau-Umland
94 Gebiete und Einsatzorte außerhalb Russlands, die unter russischer Verwaltung stehen

95 Republik Tschetschenien
96 Swerdlowsk
97 Moskau-Stadt
99 Moskau-Stadt
102 Baschkortostan
116 Tatastan
125 Primorje
150 Moskau-Umland
152 Nischni Nowgorod
161 Rostow
163 Samara
164 Saratov
177 Moskau-Stadt

San Marino (RSM)

Autokennzeichen in San Marino setzten sich aus einer unspezifischen Zahlen-Buchstaben-Kombination zusammen. Hauptstadt: San Marino Città

Schweden (S)

Schwedische Kennzeichen bestehen aus drei Buchstaben und drei Ziffern, die keine regionale Zuordnung ermöglichen. Hauptstadt: Stockholm

Serbien (SRB, noch weit verbreitet SCG)

Serbische Nummernschilder beginnen mit zwei Buchstaben, die den Meldedistrikt bzw. -ort angeben. Es folgt eine in Blöcken geordnete, vier- bis sechsstellige Zahlenkombination. Einige der hier aufgelisteten Distrikte liegen in Montenegro, das im Juni 2006 seine Unabhängigkeit von Serbien erklärt hat. Ob Montenegro die Codes zukünftig beibehält, ist noch unklar (siehe Montenegro).

AR Aranđelovac
BA Berane
BD Budva
BG Belgrad (Hauptstadt)
BO Bor
BP Bijelo Polje
BR Bar
ČA Čačak
CT Cetinje
DJ Đakovica
GL Gnjilane
GM Gornji Milanovac
HN Herceg Novi
JA Jagodina
KG Kragujevac
KI Kikinda
KM Kosovska Mitrovica
KO Kotor
KŠ Kruševac
KV Kraljevo
LE Leskovac
LO Loznica
NI Niš
NK Nikšić
NP Novi Pazar
NS Novi Sad
PA Pančevo
PB Priboj
PE Peć
PG Podgorica
PI Pirot
PJ Podujevo
PK Prokuplje
PN Paraćin
PO Požarevac
PR Priština
PV Pljevlja
PZ Prizren
RU Ruma
ŠA Šabac
SD Smederevo
SM Sremska Mitrovica
SO Sombor
SU Subotica
SV Svetozarevo
TS Trstenik
UE Užice
UL Ulcinj
UR Uroševac
VA Valjevo
VR Vranje
VS Vrbas
VŠ Vršac
ZA Zaječar
ZR Zrenjanin

Slowakei (SK)

Die ersten beiden Buchstaben slowakischer Kennzeichen geben den Herkunftsdistrikt an, danach folgt eine fünfstellige Kombination aus Ziffern und Buchstaben.

BA Bratislava-Stadt (Hauptstadt)
BB Banská Bystrica (Neusohl)
BC Banská Bystrica
BH Bratislava-Land
BJ Bardejov (Bartfeld)
BL Bratislava-Stadt
BN Bánovce nad Bebravou
BR Brezno
BS Banská Štiavnica
BT Bratislava-Land
BY Bratislava-Land
CA Čadca (Tschadsa)
DK Dolný Kubín (Unterkubin)
DS Dunajská Streda (Niedermarkt)
DT Detva
GA Galanta
GL Gelnica
HC Hlohovec
HE Humenné
IL Ilava
KA Krupina
KE Košice-Stadt (Kaschau)
KI Košice-Stadt
KK Keûmarok
KM Kysucké Nové Město
KO Komárno (Komorn)
KS Košice-Land
LC Lučenec (Lizenz)
LE Levoča
LM Liptovský Mikuláš (Liptau-St-Nikolaus)
LV Levice (Lewenz)
MA Malacky
MI Michalovce (Grossmichl)
ML Medzilaborce
MT Martin
MY Myjava
NI Nitra (Neutra)
NM Nové Město nad Váhom
NO Namestovo
NR Nitra (Neutra)
NZ Nové Zámky (Neuhäusel)
PB Povaûská Bystrica
PD Prievidza (Priwitz)
PE Partizánske
PK Pezinok
PN Piešt'any
PO Prešov (Preschau)
PP Poprad (Deutschendorf)

PT Poltár
PU Púchov
PV Prešov
PX Považská Bystrica (Waagbistritz)
RA Revúca
RK Ružomberok (Rosenberg)
RS Rimavská Sobota (Grosssteffelsdorf)
RV Rožňava (Rosenau)
SA Šal'a
SB Sabinov
SC Senec (Wartberg)
SE Senica (Senitz)
SI Skalica
SK Svidník
SL Stará Lubovňa (Altlublau)
SN Spišská Nová Ves (Zipser Neudorf)
SO Sobrance
SP Stropkov
SV Snina
TC Trenčin (Trentschin)
TN Trenčín
TO Topoľčany (Topoltschan)
TR Turčianske teplice
TS Tvrdošín
TT Trnava (Tyrnau)
TV Trebišov (Trebischau)
VK Veľký Krtíš
VT Vranov nad Topl'ou (Vronau an der Töpl)
ZA Žilina (Sillein)
ZC Žarnovica
ZH Žiar nad Hronom (Heiligenkreuz)
ZI Žilina (Sillein)
ZM Zlaté Moravce
ZV Zvolen (Altsohl)

Slowenien (SLO)

Slowenische Kennzeichen beginnen mit zwei Buchstaben, die den Zulassungsbezirk angeben. Danach folgt eine Kombination aus Zahlen und Buchstaben.

CE Celje (Cilli)
GO Nova Gorica
KK Krško (Gurkfeld)
KP Koper (ital. Capodistria)
KR Kranj (Krainburg)
LJ Ljubljana (Laibach, Hauptstadt)
MB Maribor (Marburg an der Drau)
MS Murska Sobota (Olsnitz)

NM Novo Mesto (Rudolfswert)
PO Postojna (Adelsberg)
SG Slovenj Gradec (Windischgraz)

Spanien (E)

An spanischen Autokennzeichen kann man seit einer Systemumstellung im Jahr 2000 nicht mehr erkennen, woher ein Fahrzeug stammt. Sie beginnen mit einer vierstelligen Zahl, auf die drei Buchstaben folgen (von AAA bis ZZZ landesweit durchnummeriert). Bei älteren Kennzeichen stehen die Buchstaben noch vor dem Ziffernblock und geben die Provinz an, in der ein Wagen gemeldet ist.

Sonderkennzeichen:
CPN Cuerpo Policía Nacional (Nationalpolizei)
FA Fuerzas Aéreas (Luftwaffe)
ET Ejército Tierra (Heer)
FN Fuerzas Navales (Marine)
MOP Ministerio Obras Públicas (Ministerium für öffentliche Arbeiten)
PGC Parque Guardia Civil (Zivilpolizei)
PMM Parque Móvil Ministerios (diverse Ministerien)

A Alicante
AB Albacete
AL Almería
AV Ávila

B	Barcelona
BA	Badajoz
BI	Bilbao (Vizcaya)
BU	Burgos
C	Coruña
CA	Cádiz
CC	Cáceres
CE	Ceuta
CO	Córdoba
CR	Ciudad Real
CS	Castellón de la Plana
CU	Cuenca
GC	Gran Canaria
GI	Girona
GR	Granada
GU	Guadalajara
H	Huelva
HU	Huesca
IB	Islas Baleares
J	Jaén
L	Lérida
LE	León
LO	Logroño (La Rioja)
LU	Lugo
M	Madrid (Hauptstadt)
MA	Málaga
ML	Melilla
MU	Murcia
NA	Navarra
O	Oviedo (Asturien)
OU	Ourense
P	Palencia
PO	Pontevedra
S	Kantabrien (Santander)
SA	Salamanca
SE	Sevilla
SG	Segovia
SO	Soria
SS	Donostia-San Sebastián (Guipúzcoa)
T	Tarragona
TE	Teruel
TF	Tenerife
TO	Toledo
V	Valencia
VA	Valladolid
VI	Vitoria (Álava)
Z	Zaragoza
ZA	Zamora

Tschechische Republik (CZ)

Tschechische Kennzeichen bestehen seit einigen Jahren aus einer Buchstaben-Zahlen-Kombination, die in zwei Blöcke unterteilt ist. Der mittlere Buchstabe des ersten Zeichenblocks gibt die Herkunftsregion an.

A Praha (Prag, Hauptstadt)
B Brno (Brünn)
C České Budějovice (Budweis)
E Pardubice (Pardubitz)
H Hradec Králové (Königgrätz)
J Jihlava (Iglau)
K Karlovy Vary (Karlsbad)
L Liberec (Reichenberg)
M Olomouc (Olmütz)
P Plzeň (Pilsen)
S Kladno, Mittelböhmische Region
T Ostrava (Ostrau)
U Ústí nad Labem (Aussig an der Elbe)
Z Zlín

Das alte System begann mit zwei bis drei Buchstaben, auf die zwei Ziffernpaare folgten. Die beiden ersten Buchstaben gaben den Herkunftsort an.

AB-AZ Praha (Prag)
BE Beroun (Beraun)
BI Brno-venkov (Brünn-Land)
BK Blansko
BM Brno-město (Brünn-Stadt)
BN Benešov
BO Brno-venkov (Brünn-Land)
BR Bruntál
BS Brno-město (Brünn-Stadt)
BV Břeclav
BZ Brno-město (Brünn-Stadt)
CB České Budějovice (Budweis)
CE České Budějovice
CH Cheb
CK Český Krumlov
CL Česká Lípa (Böhmisch Leipa)
CR Chrudim
CV Chomutov (Komotau)
DC Děčín (Tetschen-Bodenbach)
DO Domažlice
FI Frýdek-Místek (Friedeck-Mistek)
FM Frýdek-Místek
HB Havlíčkův Brod
HK Hradec Králové (Königgrätz)
HO Hodonín
HR Hradec Králové (Königgrätz)
JC Jičín

JI Jihlava (Iglau)
JH Jindřichův Hradec
JN Jablonec nad Nisou (Gablonz a.d. Neiße)
KA Kárviná (Karwin)
KD Kladno
KH Kutná Hora
KI Kárviná (Karwin)
KL Kladno
KM Kroměříž
KO Kolín
KR Karlovy Vary (Karlsbad)
KT Klatovy
KV Karlovy Vary (Karlsbad)
LB Liberec (Reichenberg)
LI Liberec
LN Louny
LT Litoměřice
MB Mladá Boleslav (Jungbunzlau)
ME Mělník
MO Most (Brüx)
NA Náchod
NB Nymburk
NJ Nový Jičín
OC Olomouc (Olmütz)
OL Olomouc
OM Olomouc
OP Opava (Troppau)
OS Ostrava-město (Ostrau-Stadt)
OT Ostrava-město
OV Ostrava-město
PA Pardubice (Pardubitz)
PB Příbram
PC Praha-západ (Prag-West)
PE Pelhřimov
PH Praha-východ (Prag-Ost)
PI Písek
PJ Plzeň-jih (Pilsen-Süd)
PM Plzeň-město (Pilsen-Stadt)
PN Plzeň-město
PR Přerov
PS Plzeň-sever (Pilsen-Nord)
PT Prachatice
PU Pardubice (Pardubitz)
PV Prostějov
PY Praha-východ (Prag-Ost)
PZ Praha-západ (Prag-West)
RA Rakovník
RK Rychnov nad Kněžnou
RO Rokycany
SM Semily
SO Sokolov
ST Strakonice
SU Šumperk
SY Svitavy
TA Tábor
TC Tachov
TP Teplice (Teplitz-Schönau)
TR Třebíč (Trebitsch)
TU Trutnov (Trautenau)
UH Uherské Hradiště
UL Ústí nad Labem (Aussig an der Elbe)
UO Ústí nad Orlicí
US Ústí nad Labem (Aussig an der Elbe)

VS Vsetín
VY Vyškov
ZL Zlín
ZN Znojmo
ZR Žďár nad Sázavou

Türkei (TR)

Türkische Autokennzeichen beginnen mit einer zweistelligen Zahl, auf die eine fünf- bis sechsstellige Buchstaben-Zahlen-Kombination folgt. Anhand der ersten beiden Ziffern kann man die Provinz erkennen, in der das Fahrzeug gemeldet ist.

01 Adana
02 Adıyaman
03 Afyonkarahisar
04 Ağrı
05 Amasya
06 Ankara (Hauptstadt)
07 Antalya
08 Artvın
09 Aydın
10 Balıkesir
11 Bilecik
12 Bingöl
13 Bitlis
14 Bolu
15 Burdur
16 Bursa
17 Çanakkale
18 Çankırı
19 Çorum
20 Denizli
21 Diyarbakır
22 Edirne
23 Elazığ
24 Erzincan
25 Erzurum
26 Eskişehir
27 Gaziantep
28 Giresun
29 Gümüşhane
30 Hakkari
31 Hatay
32 Isparta
33 Mersin
34 İstanbul
35 İzmir
36 Kars
37 Kastamonu
38 Kayseri

39 Kırklareli
40 Kırşehir
41 Kocaeli
42 Konya
43 Kütahya
44 Malatya
45 Manisa
46 Kahramanmaraş
47 Mardin
48 Muğla
49 Muş
50 Nevşehir
51 Niğde
52 Ordu
53 Rize
54 Sakarya
55 Samsun
56 Siirt
57 Sinop
58 Sivas
59 Tekirdağ
60 Tokat
61 Trabzon
62 Tunceli
63 Şanlıurfa
64 Uşak
65 Van
66 Yozgat
67 Zonguldak
68 Aksaray
69 Bayburt
70 Karaman
71 Kırıkkale
72 Batman
73 Şırnak
74 Bartın
75 Ardahan
76 Iğdır
77 Yalova
78 Karabük
79 Kilis
80 Osmaniye
81 Düzce

Ukraine (UA)

Im Jahr 2004 wurde in der Ukraine ein neues Kennzeichensystem eingeführt: Aktuelle Nummernschilder haben am linken Rand einen zweigeteilten farbigen Balken; im oberen, hellblau hinterlegten Feld ist das ukrainische Nationalwappen abgedruckt, darunter auf gelbem Grund das Nationalkürzel **UA**. Der alphanumerische Code beginnt mit einem Buchstabenpaar, das die Herkunft des Fahrzeugs angibt. Danach folgen vier Ziffern und zwei Buchstaben. In der folgenden Liste sind Hauptstätte, sofern sich ihre Namen von denen der zugehörigen Bezirke unterscheiden, in Klammern angegeben.

AK Autonome Republik Krim (Simferopol)
AB Winnyzja
AC Wolhynien (Luzk)
AE Dnipropetrowsk
AH Donezk
AM Schytomyr
AO Transkarpatien (Uschhorod)
AP Saporischschja
AT Iwano-Frankiwsk
AI Kiew-Land
AA Kiew-Stadt (Hauptstadt)
BA Kirowohrad
BB Luhansk
BC Lemberg (Lwiw)
BE Mykolajiw
BH Odessa
BI Poltawa
BK Riwne
BM Sumy
BO Ternopil
AX Charkiw
BT Cherson
BX Chmelnyzkyj
CA Tscherkassy
CB Tschernihiw
CE Czernowitz
CH Sewastopol-Stadt

Bei älteren Kennzeichen geben zwei kleinere Ziffern, die sich am linken unteren Rand des Nummernschildes befinden, an, aus welcher Region ein Wagen stammt. Das eigentliche Kennzeichen setzt sich aus fünf Zahlen und einem zweistelligen Buchstabenblock zusammen, der ebenfalls den Meldeort angibt. Nachfolgende Liste beschränkt sich auf die Ziffercodes.

01 Autonome Republik Krim (Simferopol)
02 Winnyzja
03 Wolhynien (Luzk)
04 Dnipropetrowsk
05 Donezk
06 Schytomyr
07 Transkarpatien (Uschhorod)
08 Saporischschja
09 Iwano-Frankiwsk
10 Kiew-Land
11 Kiew-Stadt (Hauptstadt)
12 Kirowohrad
13 Luhansk
14 Lemberg (Lwiw)
15 Mykolajiw
16 Odessa
17 Poltawa
18 Riwne
19 Sumy
20 Ternopil
21 Charkiw
22 Cherson
23 Chmelnyzkyj
24 Tscherkassy
25 Tschernihiw
26 Czernowitz
27 Sewastopol-Stadt

Ungarn (H)

Die Kombination aus drei Buchstaben und drei Zahlen auf ungarischen Kennzeichen wird fortlaufend vergeben und lässt nicht auf den Meldeort eines Fahrzeugs schließen. Hauptstadt: Budapest

Vatikanstadt (V)

Privatfahrzeuge haben hier das Kennzeichen **CV** (Città del Vaticano) gefolgt von einer Seriennummer. Die Dienstfahrzeuge des Vatikans sind mit **SCV** (Stato della Città del Vaticano) und einer Nummer gekennzeichnet. Das „Papamobil" des Papstes trägt die Kennung **SCV1**.

Weißrussland (BY)

Neuere weißrussische Nummernschilder beginnen mit vier Zahlen. Danach folgen ein zweistelliger Buchstabenblock und eine Abschlussziffer. Letztere gibt die Region an, aus der das Fahrzeug stammt.

1 Region Brest
2 Region Wizebsk
3 Region Homel
4 Region Hrodna
5 Region Minsk
6 Region Mahiljou
7 Stadt Minsk (Hauptstadt)

Zypern (CY)

Die Kennzeichen geben im griechischen Teil der Insel keinen Hinweis auf den genauen Herkunftsort eines Fahrzeugs. Sie bestehen aus drei Buchstaben und drei Ziffern, die fortlaufend vergeben werden. Hauptstadt: Nikosia

ADAC Auslands-Notrufstationen

Dänemark	79 42 42 85
Frankreich	0825 800 822
Griechenland	21 09 60 12 66
Italien	02 66 15 91
Kroatien	Zagreb (01) 344 06 66
Mazedonien	(0038111) 242 27 07 oder 242 28 01
Niederlande	0592 39 05 60
Österreich	01 251 20 60
Polen	(061) 831 98 88
Portugal	0034 935 08 28 08
Rumänien	Bukarest (021) 223 45 25
Serbien/Montenegro	Belgrad (011) 242 27 07 / 242 28 01
Slowakische Republik	0042 02 61 10 43 51/-52
Slowenien/Bosnien	0038 51 344 06 50
Spanien	935 08 28 28
Tschech. Republik	261 10 43 51
Türkei	Istanbul (0212) 288 71 90
Ungarn	061 345 17 17
Zypern (griech. Teil)	0030 21 09 60 12 66

Befinden Sie sich in anderen Ländern oder können Sie die zuständige ADAC-Notrufstation telefonisch nicht erreichen, erhalten Sie Hilfe unter Tel. +49 89 22 22 22.

A
B
1
2
3
NORDSEE
Sylt
Amrum
Süderoogsand
Helgoland
HELGOLÄNDE
BUCHT
Wangerooge
Langeoog
Norderney
Borkum
Ley-
Bucht
Schiermonni-
koog
Ameland
Terschelling
Wadden-
zee
Jade
Jade-
busen
Ems
Dollart
Norden
Wittmund
Jever
Wilhelms-
haven
Aurich
Friedeburg
Zetel
Varel
Brake
Emden
Leer
Westerstede
Apen
OLDENBUR
Papen-
burg
Friesoythe
Küstenkanal
Cloppenburg
Wildes-
hsn.
Vechta
Lohne
Diepholz
Dammer
Berge
Damme
Löningen
Quakenbrück
Meppen
Lingen
Nordhorn
Rheine
Emsdetten
Ibben-
büren
Bramsche
Mittellandkanal
OSNABRÜCK
Kr. Osnabrück-Süd
Kr. Lotte/
Osnabrück
Schüttorfer
Kreuz
Bentheimer
Wald
Ems/
Vechte
Winsum
Delfzijl
Zuidhorn
GRONINGEN
Kn. Julianaplein
Groote-
gast
Leek
Vlagtwedde
Post. Haren-
Groningen
Assen
Stadskanaal
Leeuwarden
Harlingen
Kn. Zurich
Oude Riet
De Mieden
Sneek
Mandelân
Mien-
scheer
Kn. Heerenveen
Heerenveen
De Walden
NEDERLAND
Smal-
horst
EMMEN
Giethoorn
Hoogeveen
Perse
Kn. Hoogeveen
Klazienaveen
Coevorden
Hardenberg
Ommen
Enkhuizen
Wellerzand
Urk
Marker-
Meer
Boovenboer
Kn. Lankhorst
Kampen
Panjerd
De Abt
Dronten
Kn. Hattemer-
broek
ZWOLLE
Hellendoorn
Almelo
ALMERE
Ermelo
Epe
Raalte
Rijssen
Kn. Azelo
Kn. Hoevelaken
Willemsbos
APEL-
DOORN
Deventer
Struik
Kn. Buren
ENSCHEDE
Lochem
Gronau
AMERSFOORT
Dr. Leer
Dr. Bunde
Dr. Old.-West
Kr. Old.-Ost
Kreuz Old.-Nord
Huntetal
Hasbruch
Dr. Ahlhorner Heide
Nieder-
A7
A31
A6
A32
A28
A37
A50
A1
E22
E30
E37
E232
E233
147
169
103
95
83
61
50
49

DANMARK
Fyn
Lillebælt
Haderslev
Højrup
Løgumkloster
Ustrup
Fåborg
Svendborg
Agersø
Omø
Langeland
Omø Sund
Femø
Fejø
Næstved
Tappernøje
Stege
Bogø
Tåsinge
Spodsbjerg
Ærø
Åbenrå
Tinglev
Frøslev
Sønderborg
Ellund
Flensburg
Kappeln
Langelandsbælt
Tårs
Nakskov
Lolland
Maribo
Rødbyhavn
Nykøbing F
Falster
Gedser
Fehmarnbelt
Kieler Bucht
Husum
Schleswig
Eckernförde
Schleswig-Holstein
Puttgarden
Fehmarn
Mecklenburger Bucht
Hüttener Berge
Rendsburg
Kronshg.
KIEL
Kr. Kiel-West
Preetz
Oldenburg
Kreuz Rendsburg
Heide
Dreieck Bordesholm
Plön
Neustädter Bucht
Neustadt
Eutin
Lübecker Bucht
ROSTOCK
Bad Doberan
Kr. Rostock
Aalbek
Neumünster
Brokenlande
Nord-Ostsee-K.
Scharbeutz
Poel
Schackendorf
Bad Segeberg
Dr. Bad Schwartau
Ratekau
Fuchsberg
Itzehoe
Bad Bramstedt
Stockelsdf.
Grevesmühlen
Wismar
Cuxhaven
Brunsbüttel
Bad Oldesloe
LÜBECK
Kr. Wismar
Bützow
Güstrow
Elbe
Glückstadt
Henstedt-Ulzburg
Trave
Kr. Lübeck
i. Bau
Schweriner See
Holmmoor
Pinneberg
Kreuz Bargteheide
Ratzeburg
Sternberg
Drochtersen
Stade
Dr. HH-Nordwest
Buddikate
Mölln
Schaalsee
Wedel
Kreuz HH-Ost
Gudow
SCHWERIN
Bremervörde
HAMBURG
Kr. HH-Süd
Dr. HH-Südost
Schwarzenbek
Karow
Harsefeld
Dr. HH-Südwest
HH-Stillhorn
Schaalsee
Dreieck Schwerin
Harbg. Berge
Maschener Kr.
Geesthacht
Hagenow
Parchim
Hollenstedt
Winsen
Boizenburg
Oste
Ostetal
Aarbachkate
Horster Dr.
Seevetal
Lauenburg
Stolpe/Meckl.
Osterholz-Scharmbeck
Zeven
Tostedt
Buchholzer Dreieck
Hasselhöhe
Lüneburg
Ludwigslust
Dreieck Bremen Ind.-häfen
Grundbergsee
Pritzwalk
BREMEN
Rotenburg
Schneverdingen
Brunautal
Dannenberg
Perleberg
Bremer Kreuz
Oyten
Langwedel-Daverden
Soltau
Munster
Lüchow
Wittenberge
Kirchlinteln
Vorm Wietzenbruch
Uelzen
Verden
Bad Fallingbostel
Salzwedel
Dreieck Walsrode
Bergen
Osterburg
Sachsen
Allertal
Sachsen-Anhalt
Sulingen
Winsen
Wittingen
Nienburg
Celle
Stendal
Dreieck H.-Nord
Tangermünde
Neustadt
Dreieck Hannover-West
Kreuz Hann.-Kirchhorst
Gifhorn
WOLFSBURG
Gardelegen
Garbsen
Kreuz Hann.-Ost
Zweidorfer Holz
Kreuz BS-Nord
Kreuz Wolfsburg/Königslutter
Genthin
Stadthagen
HANNOVER
Schaftrift
Lehrter See
H.-Wülferode
Peine
Kr. Olper
Haldensleben
Minden
Dreieck Hannover-Süd
Dr. BS-Südwest
Rüningen
BRAUNSCHWEIG
Lappwald
Börde
Wolmirstedt
Burg
Auetal
Springe
Helmstedt
Kreuz BS-Süd

DANMARK
OSTSEE
POLSKA
Fakse Ladeplads
Fause Bugt
Stege
Møn
Bogø
Nykøbing F
Falster
Gedser
Rønne
Neksø
Bornholm
Mecklenburger Bucht
Pommersche Bucht
Greifswalder Bodden
Zingst
Darß
Sassnitz
Rügen
Bergen
Stralsund
Ribnitz-Damgarten
Rostock
Bad Doberan
Grimmen
Greifswald
Usedom
Wolgast
Świnoujście
Kamień Pomorski
Gryfice
Kr. Rostock
Mecklenburg
Bützow
Güstrow
Recknitz-Niederung
Demmin
Anklam
Stettiner Haff
Teterow
Vorpommern
Ueckermünde
Nowogard
Torgelow
Police
Goleniów
Jez. Dąbie
Szczecin
Stettin
Stargard Szczeciński
Sternberg
Neubrandenburg
Brohmer Berge i. Bau
Pasewalk
Karow
Waren
Müritz
Woldegk
Parchim
Prenzlau
Neustrelitz
Gryfino
Jez. Miedwie
Dr. Uckermark
Pyrzyce
Pritzwalk
Wittstock
Dr. Wittstock
Prignitz
Perleberg
Templin
Schwedt
Chojna
Barlinek
Wittenberge
Zehdenick
Angermünde
Myślibórz
Neuruppin
Brandenburg
Buckowsee
Kyritz
Walsleben
Eberswalde
Bad Freienwalde
Gorzów Wielkopolski
Dębno
Osterburg
Linumer Bruch
Oranienburg
Dr. Oranienburg
Havel
Oder
Odra
Witnica
Dr. Havelland
Bernau
Warta
Wolfslake
Henningsdorf
Dr. Schwanebeck
Strausberg
Kostrzyn
Stendal
Stolper Heide
Berlin
Seeberg
Seelow
Rathenow
Falkensee
Tangermünde
Grunewald
Dr. Neukölln
Sulęcin
Fürstenwalde
Biegener Hellen
Frankfurt (O.)
Słubice
Avus
Brandenburg
Dreieck Werder
Genthin
Potsdam
Dr. Spreeau
Kr. Schönefeld
Burg
Kloster Lehnin
Dr. Potsdam
Dreieck Nuthetal
Michendorf
Am Fichtenplan
Königs Wusterhausen
Beeskow
Eisenhüttenstadt
Buckautal
Beelitz
Ludwigsfelde
Am Kahlberg
Spree
E47
E55
E22
E251
E26
E28
E65
E30
20
19
24
11
10
12
2

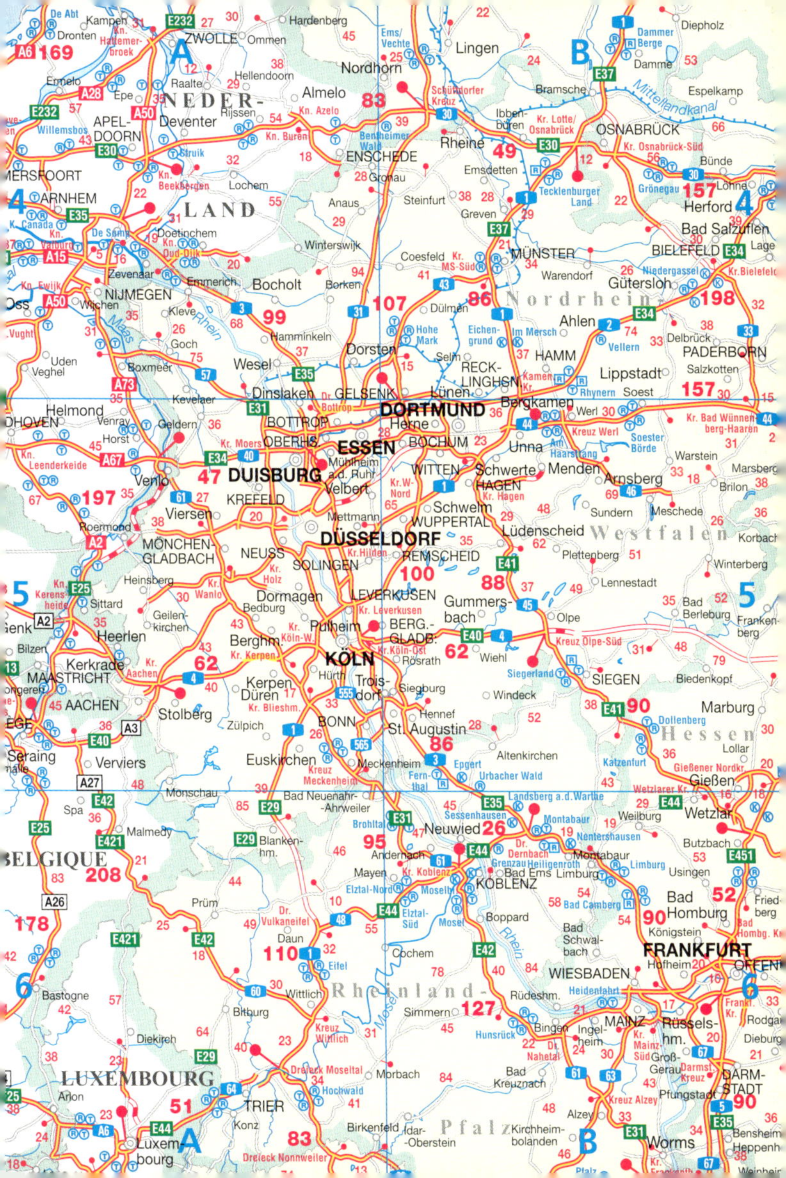

NEDER-
LAND
Nordrhein-
Westfalen
Hessen
Rheinland-
Pfalz
BELGIQUE
LUXEMBOURG
ZWOLLE
Kampen
Dronten
Hardenberg
Ommen
Lingen
Nordhorn
Almelo
Diepholz
Dammer Berge
Damme
Bramsche
Mittellandkanal
Espelkamp
OSNABRÜCK
Ibbenbüren
Rheine
ENSCHEDE
Deventer
APELDOORN
AMERSFOORT
ARNHEM
Emsdetten
Greven
Steinfurt
Bünde
Herford
Bad Salzuflen
BIELEFELD
Lage
MÜNSTER
Warendorf
Gütersloh
Coesfeld
Dülmen
Borken
Bocholt
Winterswijk
Doetinchem
Zevenaar
Emmerich
NIJMEGEN
Wijchen
Kleve
Goch
Wesel
Hamminkeln
Dorsten
Haltern
Ahlen
HAMM
Lippstadt
PADERBORN
Delbrück
Salzkotten
Soest
RECKLINGHAUSEN
Lünen
Bergkamen
Dinslaken
GELSENKIRCHEN
DORTMUND
Herne
BOTTROP
OBERHAUSEN
ESSEN
BOCHUM
Unna
Werl
Uden
Veghel
Boxmeer
Helmond
EINDHOVEN
Venray
Horst
Kevelaer
Geldern
Venlo
DUISBURG
Mülheim a.d. Ruhr
Velbert
WITTEN
Schwerte
HAGEN
Menden
Arnsberg
Warstein
Marsberg
Brilon
Viersen
KREFELD
Schwelm
WUPPERTAL
Mettmann
Sundern
Meschede
Roermond
MÖNCHENGLADBACH
NEUSS
DÜSSELDORF
Lüdenscheid
Korbach
SOLINGEN
REMSCHEID
Plettenberg
Winterberg
Heinsberg
Lennestadt
Sittard
Geilenkirchen
Dormagen
Bedburg
LEVERKUSEN
Gummersbach
Bad Berleburg
Frankenberg
Heerlen
Bergheim
Pulheim
BERG.-GLADB.
Olpe
Kerkrade
MAASTRICHT
KÖLN
Rösrath
Wiehl
SIEGEN
Biedenkopf
AACHEN
Stolberg
Kerpen
Düren
Hürth
Troisdorf
Siegburg
Windeck
Marburg
LIÈGE
Zülpich
BONN
Hennef
St. Augustin
Seraing
Verviers
Euskirchen
Meckenheim
Altenkirchen
Lollar
Gießen
Monschau
Bad Neuenahr-Ahrweiler
Spa
Malmedy
Blankenheim
Andernach
Neuwied
Weilburg
Wetzlar
Butzbach
Montabaur
Mayen
KOBLENZ
Bad Ems
Limburg
Usingen
Prüm
Boppard
Bad Homburg
Friedberg
Daun
Cochem
Bad Schwalbach
Königstein
FRANKFURT
Hofheim
OFFENBACH
Wittlich
WIESBADEN
Bastogne
Bitburg
Simmern
Rüdesheim.
MAINZ
Rüsselsheim.
Rodgau
Diekirch
Bingen
Ingelheim
Dieburg
Groß-Gerau
Morbach
Bad Kreuznach
DARMSTADT
Pfungstadt
Arlon
TRIER
Konz
Birkenfeld
Idar-Oberstein
Kirchheimbolanden
Alzey
Worms
Bensheim
Heppenheim
Luxembourg
A
B
4
5
6

Diepholz
Nienburg
Celle
Neustadt
Gifhorn
Gardelegen
Espelkamp
Petershagen
Minden
Garbsen
Stadthagen
HANNOVER
Dreieck H.-Nord
Kreuz Hann.-Kirchhorst
Kreuz Hann.-Ost
Dreieck Hannover-West
Zweidorfer Holz
WOLFSBURG
Kreuz Wolfsburg/Königslutter
Haldensleben
Lehrter See
Peine
BRAUNSCHWEIG
Helmstedt
Lappwald
Börde
Kreuz BS-Nord
Kr. Olper
Dr. BS-Südwest
Rüningen
Kreuz BS-Süd
Marienborn
Wolfenbüttel
SALZGITTER
Schöningen
MAGDEBURG
Porta Westfalica
Bünde
Löhne
Bad Oeynhausen
Herford
BIELEFELD
Bad Salzuflen
Schaumburg
Auetal
Springe
Dreieck Hannover-Süd
H.-Wülferode
HILDESHEIM
Hameln
Bad Pyrmont
Lemgo
Lage
Detmold
Gütersloh
Kr. Bielefeld
Niederqassel
Bockenem
Alfeld
Dreieck Salzgitter
Vienenburg
Oschersleben
Halberstadt
Wernigerode
Goslar
Niedersachsen
Holzminden
Einbeck
Seesen
Osterode
Blankenburg
Quedlinburg
Aschersleben
Höxter
Delbrück
PADERBORN
Lippstadt
Salzkotten
Beverungen
Uslar
Northeim
Braunlage
Hettstadt
Lichtenau
Kr. Bad Wünnenberg-Haaren
Am Biggenkopf
Warburg
Göttingen
Dr. Drammetal
GÖTTINGEN
Nordhausen
Sangerhausen
Lutherstadt Eisleben
Eichsfeld i. Bau
Warstein
Marsberg
Hann. Münden
Bühleck
Brilon
Bad Arolsen
KASSEL
Heilbad Heiligenstadt
Leinefelde
Sondershausen
Dr. Oberröblingen
Rohnetal i. Bau
Korbach
Holzhausen
Kassel
Dr. Kassel-Süd
Mühlhausen
Sömmerda
Winterberg
Fritzlar
Hess. Lichtenau
Eschwege
Bad Langensalza
Bad Wildungen
Bad Berleburg
Frankenberg
Homberg
Borken
Thüringen
Eisenach
ERFURT
Weimar
Apolda
Hasselberg
Bebra
Ramsbg.
Gotha
Hörselgau
Kreuz Erfurt
Eichelborn
Biedenkopf
Schwalmstadt
Kirchhm. Dr.
Bad Hersfeld
Kleiner Hörselberg
Rimberg
Kirchheim
Marburg
Berfa
Großenmoor
Bad Salzungen
Schmalkalden
Arnstadt
Rudolstadt
Hattenbacher Dreieck
Pfefferhöhe
Lollar
Gießener Nordkr.
Reinhardshain
Lauterbach
Ilmenau
Dr. Suhl
Suhl
Saalfeld
Gießen
Reiskirchener Dr.
Meiningen
Wetzlar
Limes
Gambacher Kreuz
Schotten
Fulda
Dr. Fulda
Ludwigstadt
Butzbach
Neuhof
Hildburghausen
Eisfeld
Usingen
Wetterau
Hessen
Uttrichshausen
Bad Neustadt
i. Bau
Sonneberg
Frankenwald
Bad Homburg
Friedberg
Büdingen
Schlüchtern
Rhön
Neustadt
Rödental
Dr. Bayr. Vogtl.
Königstein
Bad Hombg. Kr.
Gelnhausen
Bad Orb
Bad Kissingen
Coburg
Kronach
FRANKFURT
Hanau
OFFENBACH
Hammelburg
Lichtenfels
Kulmbach
Dr. Bayreuth/Kulmbach
Bad Staffelstein
Schweinfurt
Haßfurt
Gemünden
Dr. Schweinfurt/Werneck
Dr. Werntal
Frankf. Kr.
Rodgau
Rüsselsheim
Seligenstadt
Lohr
Kr. Bamberg
Aschaffenburg
Karlstadt
Bayreuth
Dieburg
Spessart
Marktheidenfeld
Bamberg
Fränkische Schweiz/Pegnitz
DARMSTADT
Darmst. Kr.
WÜRZBURG
Kr. Biebelr.
Haidt
Steigerwald
Pegnitz
Main
Michelstadt
Wertheim
Dr. W. West
Würzburg
Kitzingen
Forchhm.
Bensheim
Miltenberg
Heppenheim
Erbach
Tauberbischofsheim
Ochsenfurt
Ob der Tauber
Höchstadt
Aurach
ERLANGEN
Neustadt a.d. Aisch
Weinheim
Walldürn
Worms
Weser
Sachsen

BERLIN
Rathenow
Falkensee
Grunewald
Avus
Dr. Neukölln
Seeberg
Strausberg
Seelow
Sulęcin
E
F
Brandenburg
Dreieck Werder
POTSDAM
Genthin
Fürstenwalde
Dr. Spreeau
Frankfurt (O.)
Słubice
Kloster Lehnin
Dr. Potsdam
Dreieck Michendorf
Nuthetal
Am Fichtenplan
Kr. Schönefeld
Königs Wusterhausen
Biegener Hellen
Buckautal
Beelitz
Ludwigsfelde
Beeskow
Eisenhüttenstadt
Krosno Odrzańskie
Belzig
Fläming
Am Kahlberg
Spree
Odra
Luckenwalde
Brandenburg
Guben
Gubin
4
Zerbst
Jüterbog
Berstetal
Lübben
Coswig (Anhalt)
Lutherstadt Wittenberg
Luckau
Dr. Spreewald
Lübbenau
Neiße
POLSKA
Anhalt
Dessau
Elbe
Kolkwitz
Forst
Cottbus
Lubsko
Köthen
Herzberg
Großräschen
Żagań
Żary
Köckern
Bitterfeld
Freienhufener Eck
Spremberg
Torgau
Bad Liebenwerda
Lauchhammer
Senftenberg
Weißwasser
Delitzsch
Hoyerswerda
Schkeuditzer Kreuz
Eilenburg
Taucha
Dr. Parthenaue
Wurzen
Merseburg
Riesa
Großenhain
Kamenz
Niesky
LEIPZIG
Muldental i. Bau
Grimma
Dr. Dresden-Nord
Bautzen
Oberlausitz
Görlitz
Zgorzelec
Kr. Rippachtal
Meißen
Hansens Holz
Coswig
Radebeul
Bischofswerda
Löbau
Osterfeld
Döbeln
Dr. Nossen
DRESDEN
Neustadt
5
Zeitz
Borna
Altenburg
Dr. Dresden-West
Pirna
Zittau
Eisenberg
Hermsdorfer Kreuz
Mittweida
Auerswalder Blick
Freiberg
Dippoldiswalde
GERA
Limbach-Oberfrohna
Kreuz Chemnitz
CHEMNITZ
Nový Bor
Liberec
Jablonec n. Nisou
Glauchau
Rabensteiner Wald
Altenberg
Děčín
Werdau
ZWICKAU
Sachsen
Ústí nad Labem
Česká Lípa
Greiz
Stollberg
Marienberg
Teplice
Turnov
Aue
Annaberg-Buchholz
Litvínov
Litoměřice
Schleiz
Auerbach
Vogtland
Most
Labe
Mladá Boleslav
Plauen
Oberwiesenthal
Chomutov
Roudnice
Dr. Hochfranken
Klingenthal
Ohře
Louny
Klášterec nad Ohří
Žatec
Neratovice
Hof
Ostrov
Slaný
Stará Boleslav
Rehau
Chodov
Karlovy Vary
Podbořany
Kladno
Brandýs
Münchberg
Aš
Sokolov
Selb
Rakovník
PRAHA PRAG
Wunsiedel
Cheb
ČESKÁ
REPUBLIKÁ
Beroun
6
Mariánské Lázně
Marktredwitz
Benešov
Tirschenreuth
Neustadt a. d. Waldnaab
PLZEŇ
Příbram
Vlašim
Weiden
E
F
E55
E30
E36
E51
E40
E49
E441
E442
E48
E50
E53
E65
E67

LUXEMBOURG
A4
A
B
Neufchâteau
Diekirch
Arlon
Virton
Longwy
Luxembourg
TRIER
Konz
Morbach
Bad Kreuznach
Alzey
Worms
Pfungstadt
Groß-Gerau
Kr. Mainz-Süd
Darmst. Kreuz
Kreuz Alzey
Dr. Nahetal
Dr. Moseltal
Hochwald
Rheinland
Birkenfeld
Idar-Oberstein
Kirchheimbolanden
Dreieck Nonnweiler
Saarland
Merzig
Saarlouis
Kr. Saarbr.
Dr. Saarlouis
St. Wendel
Waldmohr
Neunkirchen
Kr. Neunkirchn.
Kusel
Dr. Kaiserslautern
Kr. Landstuhl-W.
Kaiserslautern
Bad Dürkheim
Frankenthal
LUDWIGSHFN.
Kr. Frankenth.
Pfalz
Homburg
Neustadt
Speyer
Germersheim
Kr. Walldorf
SAARBRÜCKEN
Zweibrücken
St. Ingbert
Dreieck Saarbrücken
Saarbr. Saarbrückerstraße
Goldene Bremm
Sarreguemines
Saarlouis
Völklingen
Pirmasens
Landau
Thionville
Hayange
Rombas
Croix de Bettembourg
Croix de Uckange/Longwy
Croix Hautconcourt
METZ
Pont-à-Mousson
Bitche
Wissembourg
KARLSRUHE
Ettlingen
Dr. Karlsr.
PFORZH
Keskastel
Rastatt
Baden-Baden
Gaggenau
Haguenau
Saverne
Sarrebourg
Moyenvic
Toul
NANCY
Luneville
Bühl
Renchtal
Oberkirch
Freudenstadt
STRASBOURG
Kehl
Rhein
Offenburg
Brumath
Obernai
Neufchâteau
FRANCE
Moselle
St-Dié
Gengenbach
Lahr
Mahlberg
Ettenheim
Hausach
Oberndorf
Neckarburg
Schramberg
Sulz
Épinal
Colmar
Teningen
Emmendingen
Schauinsland
-Schwenningen
Villingen-
Remiremont
Breisach
FREIBURG
Breisgau
Donaueschingen
le Thilot
Luxeuil
Titisee-Neustadt
Blumberg
Cernay
MULHOUSE
Müllheim
Dreieck Neuenburg
Bad Bellingen
Gottmadingen
Büsingen
Schaffhausen
Vesoul
Belfort
Altkirch
Dr. Weil a. Rh.
Lörrach
Weil a. Rh.
Basel/Weil
BASEL
Waldshut-Tiengen
Héricourt
Montbéliard
Audincourt
Saône
Gray
Verzw. Augst
Liestal
Bülach
Baden
Verzw. Limmattal
Verzw. Birrfeld
ZÜRICH
Delémont
Aarau
Olten
Verzw. Härkingen
Verzw. Wiggertal
BESANÇON
SCHWEIZ
Horgen
Verzw. Luterbach
Verzw. Rüthih.
Richterswil
Cham
la Chaux-de-Fonds
Biel/Bienne
Burgdorf
Verzw. Schönbühl
Emmen
Salins-les-Bains
Neuchâtel
BERN
Ittigen
Worb
Kriens
Luzern
Pontarlier
Lac de Neuchâtel
Köniz
Sarnen
Stans
7
8
9
36
51
83
48
75
53
112
44
114
191
147
278
212
82
95
93
13